国家出版基金项目
NATIONAL PUBLICATION FOUNDATION

中国海洋生物多样性丛书

中国
珊瑚礁、红树林和海草场

黄宗国 林 茂 黄小平 王文卿 等 著

U0200531

科学出版社
北 京

内 容 简 介

本书介绍了珊瑚礁、红树林和海草场三个典型生态系统，论述了全球海草和真红树植物的种类组合与地理分布特征，并提出了海草和真红树植物分类系统。本书结合我国学者的研究成果，尤其是物种鉴定中的新定种、修订种、同种异名和异种同名等信息，特别梳理了中国珊瑚礁、红树林和海草场的分布，分析了栖息于其中的生物群落的多样性，旨在使读者对中国珊瑚礁、红树林和海草场生态系统的生物多样性有较为全面而系统的了解和认识。

本书既适于海洋、生物、环境等专业的科研工作者及高校师生参考使用，又是海洋管理、决策部门的重要参考资料，还可供广大海洋爱好者、生态环境保护志愿者阅读。

图书在版编目（CIP）数据

中国珊瑚礁、红树林和海草场 / 黄宗国等著 .—北京：科学出版社，2022.12
（中国海洋生物多样性丛书）
国家出版基金项目
ISBN 978-7-03-073591-1

Ⅰ.①中… Ⅱ.①黄… Ⅲ.①珊瑚礁－生态系统－研究－中国 ②红树林－森林生态系统－研究－中国 ③海草－生态系统－研究－中国 Ⅳ.① P737.2 ② S796

中国版本图书馆 CIP 数据核字（2022）第 200015 号

责任编辑：王 静 朱 瑾 习慧丽 / 责任校对：杨 赛
责任印制：肖 兴 / 封面设计：无极书装

科 学 出 版 社 出版
北京东黄城根北街 16 号
邮政编码：100717
http://www.sciencep.com
北京建宏印刷有限公司印刷
科学出版社发行 各地新华书店经销
*
2022 年 12 月第 一 版 开本：889×1194 1/16
2025 年 1 月第二次印刷 印张：13 1/2
字数：429 000
定价：268.00 元
（如有印装质量问题，我社负责调换）

《中国珊瑚礁、红树林和海草场》著者委员会

主　任　黄宗国　林　茂　黄小平　王文卿

成　员（按姓氏笔画排序）

王　伟　王　瑁　王文卿　王春光　牛文涛　杜建国

李荣冠　肖家光　张肇坚　陈小银　范航清　林　茂

郑明修　单锦城　黄　晖　黄小平　黄宗国　戴昌凤

丛 书 序

　　海洋孕育了丰富多样的生命，是地球这颗星球的重要组成部分。海洋生物多样性极其丰富，贡献了全球约 50% 的净初级生产力，产生了全球生态系统约三分之二的服务价值，是人类赖以生存的基础。中国海域范围广大，空间的异质性和生境的多样性为不同种类海洋生物共存创造了有利条件。截至 2013 年，中国海域已记录的海洋生物种数位居全球前三位，蕴藏着有巨大科学研究价值和开发利用价值的自然资源。

　　自然资源部第三海洋研究所黄宗国和林茂两位研究员，在 2012 年组织全国 112 位海洋专家学者，编撰完成了"中国海洋物种和图集"系列专著 10 册。这次又组织我国相关机构的近百位海洋专家学者，以世界海洋生物的研究作为背景材料，基于中国有资料记录的海洋生物调查研究成果，完成了"中国海洋生物多样性丛书"。丛书分为 7 个分册：《中国海洋生物多样性概论》《中国海洋生物多样性保护》《中国海洋生物遗传多样性》《中国海洋浮游生物》《中国海洋游泳生物》《中国海洋底栖生物》《中国珊瑚礁、红树林和海草场》。丛书涉及物种全面，内容系统完整，是目前国内首部集大成的海洋生物多样性丛书。

　　围绕着生物多样性及其相关属性，该丛书更新了中国已知海洋物种的"家底"，首次系统地阐述了我国海洋生物各层次和组分的多样性，内容集中反映了近年来我国海洋生物多样性的研究成果和最新进展，成果拓宽和加深了对我国海洋生物多样性的系统认知，具有重要的理论学术价值和广泛的应用价值。丛书的出版将推动我国海洋生物多样性保护和研究，进而推动海洋生物开发利用的进步与发展，对国家生态文明建设具有非常重要的价值和意义。丛书将成为一部集成我国海洋生物多样性研究成果的科学典籍。

　　该丛书的出版是我国海洋生物多样性领域取得的一项前瞻性成果，将在国际上提升我国生物多样性研究、保护和开发利用的话语权，对支撑学科发展、促进经济社会发展和科技进步具有至关重要的作用。

唐启升

中国工程院院士

中国水产科学研究院黄海水产研究所研究员

2021 年 8 月 11 日

丛 书 前 言

    海洋是生命的诞生之地，孕育着丰富的海洋生物，生物多样性非常珍贵，在人类文明的演进中扮演着重要的角色。20 世纪 50 年代末以来，随着深海生物群落陆续被发现，人类更加确信海洋可能有比我们料想还丰富的生物多样性。对海洋生物的调查不得不提到为期 10 年的"海洋生物普查计划"，该计划调查了全球海洋生物多样性、分布和丰度等，推动了人类探知海洋生物研究。近年来，随着沿海地区经济的不断发展，资源开发与环境保护之间的矛盾日益凸显，海洋生态系统面临威胁。生态兴则文明兴，生态衰则文明衰，经济发展不能以牺牲生态环境为代价。

    生物多样性保护是生态文明建设的重要组成部分。2021 年中国主办了《生物多样性公约》第十五次缔约方大会，大会聚焦全球生物多样性的热点，体现了生物多样性在全球的关注度。全面提升生态文明建设是建设人与自然和谐共生的美丽中国的重要组成部分。海洋生物多样性是指示海洋生态环境的"晴雨表"。近年来，我国对海洋生态保护越来越重视，海洋生物多样性保护和恢复相关的重大项目纷纷付诸实施，并取得了很多成果。

    本研究团队多年来一直从事海洋生物多样性方向的研究，此次组织我国相关领域的专家学者，完成了"中国海洋生物多样性丛书"（以下简称"本丛书"）的 7 个分册：《中国海洋生物多样性概论》《中国海洋生物多样性保护》《中国海洋生物遗传多样性》《中国海洋浮游生物》《中国海洋游泳生物》《中国海洋底栖生物》《中国珊瑚礁、红树林和海草场》。

    本丛书是一套全面反映中国海域生物多样性的丛书，也是涉及物种非常全面的一套丛书。书中内容侧重于中国海域生物编目和形态，通过彩色图集的展示和文字上的进一步论述，全面反映了我国海洋生物多样性现状。本丛书以世界海洋生物的研究作为背景材料，以物种多样性、遗传多样性、生态系统多样性为主线，以中国海域水体中的浮游生物、游泳生物及底栖生物为主要内容，首次收录我国香港和台湾地区特有的海洋生物，同时专论了珊瑚礁、红树林和海草场生态系统，系统总结和归纳了近年来海洋生物研究的成果和资料。

《中国海洋生物多样性概论》分册介绍了中国海域生物多样性的总体情况，主要论述了中国海域生态系统的生境多样性、生物群落和生态过程的多样性，并梳理了海洋生物多样性的遗传学基础及遗传多样性保护、中国海域水层生态系统多样性、中国海域底栖生物多样性和中国珊瑚礁生态系统多样性，分析了中国各个海区游泳生物的种数及分布等，书中还附有中国海洋生物物种名录。

《中国海洋生物多样性保护》分册以生物分类概述为基础，归纳了中国海域生物的多样性与保护物种、渔业生物资源现状与渔业物种增殖保护的总体情况及研究进展。目前中国海域已记录的海洋生物达 29 100 余种，其中被列为国家重点保护的野生海洋动物有 560 种，野生海洋植物有 9 种，为中国海域生物多样性研究和保护提供了可引证的数据资料。

《中国海洋生物遗传多样性》分册以海洋生物多样性的遗传学为基础，集中论述了遗传多样性的研究方法及其应用：基于形态学标记的外部形态和表型性状，细胞学标记的染色体数目、核型、染色体带型，生化标记的同工酶、等位酶和蛋白质，分子标记的基因组序列的多样性特征，分析了中国海域生物多样性现状；梳理了中国海域植物界和动物界生物在 GenBank 的登录物种和每种的登录号。中国海域动物界记录的纽形动物门、动吻动物门、腹毛动物门、线虫动物门、棘头虫动物门、轮虫动物门、曳鳃动物门、半索动物门在 GenBank 的登录物种中尚不完善。

《中国海洋浮游生物》分册收集了记录于中国海域的浮游生物种类，汇总了中国海域浮游生物种类名录。这一分册总论综述了中国海域浮游生物的调查和研究史、分类和多样性，分论按习用的浮游生物学概念体系，将浮游生物研究对象分为蓝藻类、硅藻类、甲藻类、金藻类、黄藻类、定鞭藻类、隐藻类、裸藻类、单细胞绿藻类、水母类、栉水母类、多毛类、异足类、翼足类、枝角类、介形类、桡足类、端足类、糠虾类、磷虾类、十足类、毛颚类和被囊类，对其种类组成和常见种形态特征进行描述。

《中国海洋游泳生物》分册介绍了各类游泳生物对游泳生活的适应，中国海域头足纲、甲壳纲、盲鳗纲、七鳃鳗纲、软骨鱼纲、辐鳍鱼纲、爬行纲和哺乳纲等的种类和分布，中国海域鱼类的栖息习性，以及中国海域主要游泳生物的集群和洄游特征，梳理了中国海域游泳生物调查和研究成果，系统全面地展示了中国海域游泳生物多样性现状。

《中国海洋底栖生物》分册论述了中国海域大型底栖生物和小型底栖生物多样性现状。中国海域大型底栖生物部分梳理了中国海域大型底栖生物的调查研究历史、种类组成和常见种，以及中国海域潮间带、沿岸浅海、陆架、深海大型底栖生物的分布。中国海域小型底栖生物部分梳理了中国海域小型底栖生物的研究概述、种类组成和常见类群的形态特征，以及渤海、黄海、东海和南海小型底栖生物的类群组成、数量分布、群落结构与多样性。

《中国珊瑚礁、红树林和海草场》分册介绍了珊瑚礁、红树林和海草场三个典型生态系统，论述了全球海草和真红树植物的种类组合与地理分布特征，并提出了海草和真红树植物分类系统。这一分册结合我国学者的研究成果，尤其是物种鉴定中的新定种、修订种、同种异名和异种同名等信息，特别梳理了中国珊瑚礁、红树林和海草场的分布，分析了栖息于其中的生物群落的多样性，旨在使读者对中国珊瑚礁、红树林和海草场生态系统的生物多样性有较为全面而系统的了解和认识。

本丛书凝聚了海洋生物学各研究方向专家学者的心血，丛书编委会成员多年来，持续梳理历史资料和各项科学研究成果，结合最新进展，精心编排成稿。同时丛书编委会也聘请了各相关领域的专家负责审稿工作，各位专家也是高度负责，认真，提出多项宝贵意见和修改建议，保证了丛书内容的准确性和权威性。本丛书的撰写和出版适时且及时，顺应当前国家生态文明建设和美丽中国建设的需要，能够为从事海洋生物学等相关科学研究的科研工作者和学生提供重要参考和学习资料，也可为科研管理部门和政府部门制定海洋生态环境保护决策提供科学数据和支撑。本丛书的出版，将有利于今后进一步针对海洋生物多样性研究开展更加深入的调查和研究，对海洋生物多样性保护和恢复有着重要作用。丛书内容具有广泛的应用价值，丛书出版后可作为海洋生物学、生态学、环境科学等相关领域研究人员常备案头的宝典书。

　　在本丛书编撰和出版过程中，我们得到了专家和同仁的大力帮助，在出版之际唐启升院士为本丛书作序，在此一并表示感谢。本丛书的出版还得到了国家出版基金的资助，在此向国家出版基金规划管理办公室致以崇高的敬意。对科学出版社编辑们严谨细致的工作态度，作者在此表以敬意。受著者能力及学术水平所限，本丛书的不足之处在所难免，恳请广大读者批评指正。

中国海洋生物多样性丛书

主编

2021 年 8 月 2 日

前　言

　　海洋生态系统按区域的生物群落和环境条件划分，可划分出特殊或典型的生态系统，本书论述了其中的珊瑚礁、红树林和海草场生态系统。珊瑚礁、红树林和海草场生态系统都是地球上极具生产力和生物多样性丰富的生态系统，与人类生活息息相关。受自然因素和人类活动干扰的影响，珊瑚礁、红树林和海草场生长环境日益恶化，我国乃至全球的珊瑚礁、红树林和海草场面积锐减，不仅使其自身遭受生存威胁，还影响人类生活，进而威胁其他海洋生物的生存。保护珊瑚礁、红树林和海草场，有很多工作要做，但首先得从基础研究做起。为此，丛书主编组织该领域的专家学者，在充分收集国内外珊瑚礁、红树林和海草场生态系统研究论文及专著的基础上，将珊瑚礁、红树林和海草场生态系统的相关研究成果梳理整合成册。

　　物种是生物多样性的度量和直观体现，是生物多样性研究和保护的首要对象。珊瑚礁、红树林和海草场生态系统极为丰富，本书论述了全球海草和真红树植物的种类组合与地理分布特征，并提出了海草和真红树植物分类系统，通过收集中国海域造礁石珊瑚、红树和海草物种调查研究的文献资料及记录，结合我国学者的研究成果，尤其是物种鉴定中的新定种、修订种、同种异名和异种同名等信息，还论述了栖息于珊瑚礁、红树林和海草场的生物群落。

　　近年来，中国珊瑚礁、红树林和海草场生态系统的研究取得了许多成果，但多专注于区域海区。本书在集成以往研究成果的基础上，从中国海域的视域，论述了珊瑚礁、红树林和海草场生态系统，旨在使读者对中国的珊瑚礁、红树林和海草场生态系统有较为全面而系统的了解和认识，为形成全面而系统的中国珊瑚礁、红树林和海草场生态系统的分析、评价机制，建立中国珊瑚礁、红树林和海草场生态系统信息库，以及保护和人工生态修复提供依据。我们深知，限于水平，尽管做了最大努力，但可能与读者的要求还有一定距离，不足之处在所难免，敬请各位专家和读者提出批评。

本书是"中国海洋生物多样性丛书"之一。本书得以出版要感谢国家出版基金的资助，在编写过程中得到了许多专家学者的支持和帮助，虽不在此一一细表，但由衷感谢！作者对科学出版社编辑们严谨细致的工作态度表以敬意。

作　者

2021 年 6 月

目 录

第一篇 珊瑚礁生态系统

第一章 海洋生态系统 ·············· 3
  第一节 生态系统 ·············· 3
  第二节 中国海洋生态系统的类型 ·············· 8

第二章 中国珊瑚礁生态系统 ·············· 10
  第一节 珊瑚和珊瑚礁 ·············· 10
  第二节 中国的石珊瑚 ·············· 10
  第三节 中国的珊瑚礁 ·············· 17
  第四节 中国珊瑚礁区的生物 ·············· 33
  第五节 中国的珊瑚礁保护区 ·············· 52

参考文献 ·············· 54

第二篇 红树林生态系统

第三章 中国红树林的研究历史和基本概念 ·············· 61
  第一节 研究历史 ·············· 61
  第二节 红树林区植物 ·············· 63
  第三节 红树林生境及红树植物对生境的适应 ·············· 64

第四章 红树植物的种类、分布及特点 ·············· 70
  第一节 全球红树植物的种类与分布 ·············· 70
  第二节 中国红树植物的种类与分布 ·············· 76
  第三节 中国红树林的面积 ·············· 80
  第四节 中国红树林的分布及其特点 ·············· 80

第五章 中国红树林区的物种多样性 ·············· 82
  第一节 红树林植株上的生物 ·············· 82
  第二节 红树林区滩涂的生物 ·············· 84

第三节 红树林区潮沟的生物 ······ 107

第四节 红树林区的鸟 ······ 107

第五节 红树林区的昆虫和蜘蛛 ······ 129

第六节 红树植物上的真菌 ······ 141

第七节 红树林区的放线菌 ······ 143

第六章 红树林生态系统的能量流动和物质循环 ······ 144

第一节 红树林生态系统的能量流动 ······ 144

第二节 红树林生态系统的物质循环 ······ 144

第七章 中国红树林的保护和种植 ······ 151

第一节 海岸带开发对红树林的破坏 ······ 151

第二节 红树林的修复和保护 ······ 151

参考文献 ······ 153

第三篇 海草场生态系统

第八章 海草 ······ 159

第一节 海草的特点 ······ 159

第二节 全球海草的种类和分布 ······ 160

第三节 海草的分类 ······ 167

第九章 中国的海草 ······ 168

第一节 鳗草科 Zosteraceae ······ 168

第二节 波喜荡草科 Posidoniaceae ······ 170

第三节 丝粉草科 Cymodoceaceae ······ 170

第四节 水鳖科 Hydrocharitaceae ······ 171

第五节 川蔓草科 Ruppiaceae ······ 173

第十章 中国海草场的主要分布区 ······ 175

第一节 辽宁和河北 ······ 175

第二节 山东 ······ 175

第三节 广东 ······ 176

第四节 香港 ······ 177

第五节 广西 ······ 177

第六节 海南 ······ 177

第七节 东沙岛 ······ 178

第八节 台湾 ······ 181

第十一章　海草的初级生产力和生物量 ·· 182

第十二章　海草的光合作用 ·· 184

　　第一节　海草光合作用的一般特征 ·· 184

　　第二节　海草光合作用与光和无机碳的关系 ································ 184

第十三章　海草场中的物种多样性 ·· 186

第十四章　海草的现状与保护 ·· 193

　　第一节　海草的现状 ··· 193

　　第二节　海草的保护 ··· 193

参考文献 ··· 194

第一篇

珊瑚礁生态系统

第一章

海洋生态系统

第一节 生态系统

一、生物圈

生物圈（biosphere）：地球上存在生物有机体的圈层，包括大气圈的下层、岩石圈的上层（主要由沉积层组成的部分）、整个水圈和土壤圈全部（第二届动物学名词审定委员会，2021），是地球上所有生物有机体及其生存环境的综合体。生物圈中有能耐受140℃高温的生物有机体，也有能耐受零下190℃低温的生物有机体，还有可以经受3000多个大气压（atm）[①]环境的生物有机体。生物在地球上分布很广，高等植物生存的高度可达6200m，在海拔7000m的地方还可见到少量蜘蛛，一些大型的猛禽如鹫可在海拔7000m的高空飞翔，海洋生物则可分布到大洋最深处——1万多米深的马里亚纳海沟。（Appeltans et al.，2012）。

二、生物群落与生态系统

生物群落（biotic community，biocommunity，biocoenosis）：简称"群落（community）"，是指在相同时间聚集在一定地域或生境中所有生物种群的集合体（第二届动物学名词审定委员会，2021）。地球上的任何生物都不能单独存在，多种生物总是通过各种方式彼此联系而共同生活在一起，组成了生物社会。海洋生物群落通常以群落中的优势种或代表种命名。

生态系统（ecosystem）：在一定空间范围内，所有生物（即生物群落）与其环境之间由于不断地进行物质循环和能量流动而形成的统一整体，是由生物群落和与之相互作用的自然环境以及其中的能量流过程构成的自然系统（第二届动物学名词审定委员会，2021）。生物生存的环境由水、热、光、土、空气及生物等因子构成。生物与环境息息相关，二者相互联系、相互制约，是有规律的组合，处在不断运动和变化之中。有学者把生态系统概括为一个简明的公式：生态系统＝生物群落＋环境条件（祝廷成和董厚德，1983）。

三、生态系统的基本成分

生态系统的基本组成包括非生物环境和生物两大部分，生物又包括生产者、消费者、分解者3种类型（图1-1）。

---

① 1atm=1.013×10⁵Pa

- 生态系统
  - 非生物部分（非生物环境）
    - 能源：太阳能、其他能源
    - 气候：光照、温度、降水、风等
    - 基质和介质：岩石、土壤、水、空气等
    - 物质代谢原料
      - CO_2、H_2O、O_2、N_2等
      - 无机盐（矿物质原料）
      - 碳水化合物、蛋白质、脂肪、腐殖质等（连接生物部分和非生物部分的有机物）
  - 生物部分
    - 生产者：绿色植物、海洋硅藻、原绿球藻、光合细菌、化能合成细菌等
    - 消费者
      - 食草动物：一级消费者
      - 食肉动物：二级、三级、四级消费者
      - 杂食动物：碎屑消费者、腐食消费者
    - 分解者：细菌、真菌等

图 1-1　生态系统的组成

非生物环境（abiotic environment）：是生态系统中生命的支持系统，它为各种生物提供生境及生存所必需的物质和能源，包括陆上空间和海洋空间，海洋空间又包括水体和海底（潮间带、大陆架、大陆坡和深海海盆）。

生物（organism）：是执行生态功能的主体，按营养关系分为 3 类。

（1）生产者（producer）：生态系统中能利用简单的无机物质合成有机物质的生物，是自养生物（autotroph），包括陆地上和海洋中含叶绿素的绿色植物，以及海洋中的硅藻、甲藻和海洋原绿球藻 *Prochlorococcus marinus* 等单细胞藻类，后者是原核光能自养生物，具有光合色素二乙烯基叶绿素，可捕捉极微弱的光，在海洋真光层底部进行高效的光合作用（焦念志，2006）。光合色素利用太阳能进行光合作用，将 CO_2、H_2O 和无机营养盐合成有机物质。化能合成细菌也是自养生物，利用还原物质被氧化所释放的能量，进行碳固定和有机物合成，如深海热液口的化能合成细菌通过硫化物氧化进行化能合成。

（2）消费者（consumer）：生态系统中不能将简单的无机物质合成有机物质，而是直接或间接依靠生产者所制造的有机物质生存的生物，也称异养生物（heterotroph），通常按其食物来源可分为以植物为食的初级消费者（primary consumer）和以动物为食的次级消费者（secondary consumer），如南极磷虾是以滤食浮游植物为生的初级消费者。

（3）分解者（decomposer）：以动植物残体、排泄物中的有机物质为生命活动能源，并把复杂的有机物质逐步分解为简单的无机物质的生物，主要是细菌、真菌等微生物和一些无脊椎动物。

以上三大功能群构成生态系统中生物成分的 3 个亚系统（图 1-2），并且与环境共同形成统一整体，执行生态系统能量流动和物质循环的基本功能。结构与功能统一表明，生态系统是更高层次的生命系统，与其中任何一个亚系统相比已经有了质的变化（沈国英等，2010）。

四、生态系统的营养结构、食物链和食物网

营养结构（trophic structure）：生态系统中生产者、各级消费者和分解者之间的取食和被取食的关系网络。民间俗语“大鱼吃小鱼、小鱼吃虾米、虾米吃滋泥”就是对营养结构的形象表述。

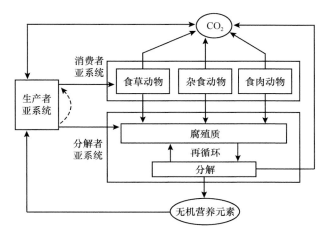

图 1-2　生态系统的三个亚系统（戈峰，2008）

食物链（food chain）：又称营养链（trophic chain），是生态系统中生产者和各级消费者之间通过取食与被取食的关系而排列成的链状顺序，是生物之间食物关系的体现。生物在食物链中所处的营养层次称为营养级（trophic level），依据生物在食物链环节所处的位置而划分等级。

食物网（food web）：生态系统中根据能量利用关系，不同的食物链彼此相互联结而形成的复杂网络结构，可以形象地反映生态系统内各生物有机体间的营养位置和相互关系。

生态系统中，同一种生物可能处于不同的营养级。图 1-3 展示了南极生态系统中营养结构、食物链和食物网的相互关系（浮游植物→磷虾→须鲸）。

五、生态系统能量流动和物质循环的基本过程

能量流动（energy flow）：在生态系统中，从太阳能被生产者转变为化学能开始，经食草动物、食肉动物和微生物参与的食物链而转化，从某一营养级向下一个营养级过渡时部分能量以热能形式而失掉的单向流动（第二届动物学名词审定委员会，2021）。在化能生态系统中，能量不是来自太阳能，而是来自地球内部。

能量的流动与转化有如下特点：①能量守恒定律，即能量可以从一种形态转化为另一种形态，但不能创造它，也不能消灭它。例如，热能可以在不同情况下转化为功、热或食物的潜能，但它一点也不会消失。②能量流动是非循环性的，由于能量在转化过程中部分消散为不能利用的热能，因而没有任何能量（如光能）能够百分之百有效地自然转化为潜能（如原生质）。通过光合作用进入生态系统的能量在流动过程中不断损耗，最后全部以废能的形式散发出去。

能量转化和营养金字塔（trophic pyramid）：能量通过食物链逐级传递而递减，愈向食物链的顶端，生物量愈少。生物量等级变化形成一种金字塔形的营养级关系。图 1-3 示意南极的浮游植物被磷虾滤食，磷虾再被须鲸滤食，能量流动时每次损失 90%，也即 1 头须鲸要消费大量的磷虾，磷虾又需要更多的浮游植物，所以生产者的生物量或能量等级变化呈金字塔状的锥体（图 1-4）。

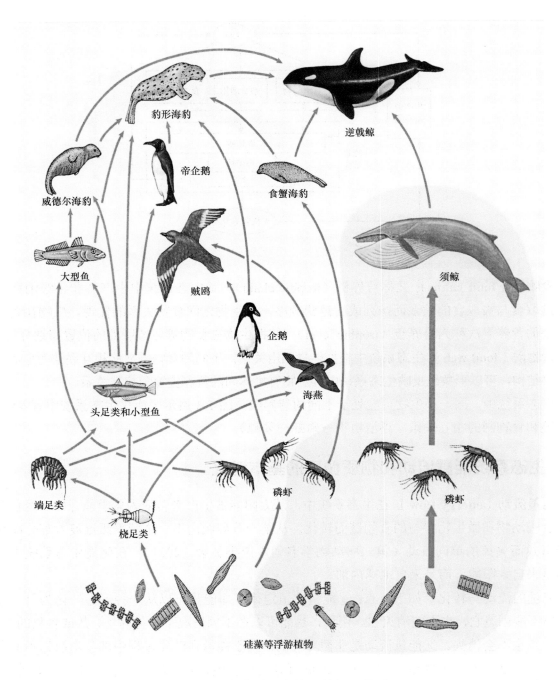

图 1-3　南极生态系统中营养结构、食物链和食物网的相互关系（Castro and Huber，2010）

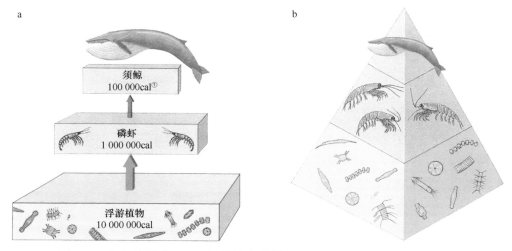

图 1-4　能量的转化（a）和营养金字塔（b）（Castro and Huber，2010）

生物地球化学循环（biogeochemical cycle）：简称"生物地化循环"，又称"物质循环（material cycle）"，是生物所需要的物质在生物圈中的生物与非生物成分之间的转移、转化等往返运转过程，分为水循环、气态物循环和沉积物循环三大类型（第二届动物学名词审定委员会，2021）。生物圈中生物所需的物质在生产者、消费者和分解者之间，也在生物与大气圈、水圈、土壤圈、岩石圈之间转移、转化等往返运转。

库（pool）：生态系统中被固定、储存在各圈层的物质，包括储存库（reservoir pool）和交换库（exchanging pool）或循环库（cycling pool）。储存库容量大，但交换缓慢，如岩石圈中的碳库；交换库容量小，但交换迅速，如海洋生物体中的有机碳库和海水中的二氧化碳库。物质在生态系统中库与库之间流通的速率称为流通率。物质的流通率与库含量之比即为周转率。库与库之间物质的输出和输入应该平衡，否则生态系统的功能将会发生障碍。

源（source）、汇（sink）：在碳循环研究中，释放 CO_2 的库称为源，吸收 CO_2 的库称为汇。全球碳循环包括：生物的同化过程和氧化过程，分别主要是光合作用和呼吸作用；大气和海洋之间的 CO_2 交换；碳酸盐的沉积作用。全球的主要碳库是海洋，其次是大气及陆地植物。人类活动向大气净释放的碳约 $6.9×10^{15}$ g C/a，主要是使用化石燃料释放的碳，其次为陆地植物被破坏释放的碳。海洋的红树林、海草场和珊瑚礁三大生态系统与碳循环关系密切。

六、生态系统的相对平衡

生态系统是开放的，物质与能量不断输入和输出，如果两者在较长时间内趋于相等，生态系统的结构和功能就长期趋于稳定状态，生态系统的这种状态就称为生态系统平衡，即生态平衡，这时的生物群落达到顶极群落阶段。显然，生态系统平衡是动态的、相对的，是一个运动着的状态。生态系统的稳定性具有自动调节能力，但自动调节能力是有限度的，即存在生态阈限，超过生态阈限时自动调节能力即消失，生态平衡也就被打破。

---

① 1cal=4.19 J

第二节 中国海洋生态系统的类型

一、按海区划分的海洋生态系统类型

我国渤海、黄海、东海、南海有各自的地理和生物特点（孙湘平，2006；王颖，2013）。按海区划分海洋生态系统，可划分为渤海生态系统、黄海生态系统、东海生态系统、南海生态系统，又可进一步划分为河口、海湾、滨海、浅海、典型（特色）、上升流和深海等类型的二级海洋生态系统（李永祺，2012）（表1-1）。

表 1-1 按海区划分海洋生态系统及其二级海洋生态系统

海洋生态系统		二级海洋生态系统	
渤海生态系统		河口生态系统	
		海湾生态系统	
		滨海生态系统	
		浅海生态系统	
黄海生态系统		河口生态系统	
		海湾生态系统	
		滨海生态系统	
		浅海生态系统	
东海生态系统		河口生态系统	
		海湾生态系统	
		滨海生态系统	
		浅海生态系统	
南海生态系统		河口、海湾生态系统	
		典型（特色）生态系统	
		上升流生态系统	
		深海生态系统	

二、按水深或离岸远近划分的海洋生态系统类型

按水深或离岸远近划分海洋生态系统，可划分为潮间带生态系统、沿岸生态系统、河口生态系统、浅海生态系统（潮下带）、大陆架海域生态系统、大陆坡海域生态系统和深海生态系统，其中我国渤海海底和黄海海底都是大陆架，并没有大陆坡海域生态系统和深海生态系统（表1-2）。

表 1-2　按水深或离岸远近划分海洋生态系统

海洋生态系统
潮间带生态系统
沿岸生态系统
河口生态系统
浅海生态系统（潮下带）
大陆架海域生态系统
大陆坡海域生态系统
深海生态系统

三、中国海洋特殊（典型）生态系统

除了按海区和水深或离岸远近划分海洋生态系统，还可按区域的生物群落和环境条件划分，可划分出特殊（典型）的生态系统（表 1-3），本书论述其中的珊瑚礁、红树林和海草场生态系统。

表 1-3　中国海洋特殊（典型）生态系统

特殊（典型）生态系统
珊瑚礁生态系统
红树林生态系统
海草场生态系统
海藻场生态系统
河口生态系统
上升流生态系统
黄海冷水团生态系统
黑潮生态系统
化能生态系统

第二章
中国珊瑚礁生态系统

第一节　珊瑚和珊瑚礁

珊瑚是某些单体或群体珊瑚类刺胞动物的通称，或指其骨骼（第二届动物学名词审定委员会，2021），包括生活史中没有世代交替现象而只有水螅型的珊瑚虫纲 Anthozoa 的某些种类。造礁珊瑚（hermatypic coral）是组织内含有虫黄藻与其共生、能够建造珊瑚礁的珊瑚（第二届动物学名词审定委员会，2021）。

珊瑚礁是热带海洋中岛屿、暗礁和海滩的四周长满的石珊瑚形成的，根据珊瑚礁的形状、与陆地或岛屿的关系以及生长的形态，通常分为环礁、岸礁和堡礁等类型（第二届动物学名词审定委员会，2021）。珊瑚礁是主要由造礁珊瑚建造的地质结构，是一类海洋地貌。

第二节　中国的石珊瑚

一、研究简史

中国是世界上对珊瑚和珊瑚礁认识最早，并对珊瑚礁进行测量和管理的国家之一，这与中国最早在南海航海、捕鱼有关。自汉朝以来，各朝代对南海珊瑚礁都有记载。宋朝称环礁为石塘，并有珊瑚礁岛的记载。明朝对南海珊瑚礁的探测更为深入，各条航海线都有珊瑚礁的记录，对环礁和岸礁都有考察，《郑和航海图》绘制出了珊瑚礁的实体。清朝的《更路簿》是民间几百年来探测珊瑚岛礁的总结，并应用于航海和渔业生产。

中国近代对石珊瑚和珊瑚礁的研究有很多。地质学家马廷英（1899～1979 年）1937 年发表 "On the Growth Rate of Reef Corals and Its Relation to Sea Water Temperature"，1959 年又发表了 "Effect of Water Temperature on Growth Rate of Reef Corals"。中国科学院南海海洋研究所邹仁林教授领导珊瑚礁和珊瑚生态研究组，多年来一直对海南、广东、广西沿岸的珊瑚进行调查，其中 1937 年、1974～1978 年对西沙群岛的珊瑚进行调查，1979～1983 年对南海东北部的珊瑚进行调查，1984～1986 年对曾母暗沙的珊瑚进行调查，1987～1997 年对南沙群岛的珊瑚进行调查，发表了许多论文，2001 年编写《中国动物志　腔肠动物门　珊瑚虫纲　石珊瑚目造礁石珊瑚》，对多年的研究成果进行了系统性总结，共录入中国造礁石珊瑚 174 种（邹仁林，2001）。之后，其学生黄晖继续领导团队，对广东、福建沿岸的珊瑚进行调查研究，也对南沙群岛渚碧礁的珊瑚和珊瑚礁结构进行研究（黄晖等，2007，2009，2012，2013）。邹仁林教授在同期还对造礁生物多孔螅、柱星螅、苍珊瑚和非造礁生物深水石珊瑚、角珊瑚、软珊瑚开展了研究。

除马廷英研究造礁石珊瑚的生长速度与水温的关系外，对台湾造礁石珊瑚进行系统性研究的还有台湾大学戴昌凤教授，他分别对台湾岛北部、东部和南部沿岸（2004~2007年）及台湾岛周边的绿岛、兰屿、小琉球岛和"北方三岛"（彭佳屿、棉花屿及花瓶屿）（2006~2008年）的造礁石珊瑚进行了调查。Dai和Horng（2009a，2009b）收录了台湾的220种石珊瑚，他们根据16S rRNA测序，将这些石珊瑚分为复杂类群和坚实类群两大类，这是台湾对造礁石珊瑚最全面和最系统的研究，其中也包括南海东沙礁和太平岛的造礁石珊瑚。Jones等（1972）在"台湾南部海洋生物调查"中也列出了珊瑚名录。

Verrill（1902）最早报道香港的石珊瑚，Cope（1982，1986）、Veron（1982）及Morton B和Morton J（1983）也相继报道了香港珊瑚的分类和生态。

黄宗国等（1999）报道了福建东山的6种造礁石珊瑚，黄晖等（2009）也在东山进行了造礁研究。福建东山沿海造礁石珊瑚成片分布，再往北在平潭岛也发现了2种造礁石珊瑚。

二、造礁石珊瑚虫体的构造

造礁石珊瑚绝大多数是复（群）体（仅石芝珊瑚是单体），珊瑚虫（coral polyp）为细圆筒状，底部封闭，顶端有开孔，孔的周围有呈辐射状排列的触手，触手能伸长，并可向各个方向弯曲和摆动，用以捕捉流经触手的食物，当遇惊扰时，触手立即缩回。由珊瑚虫内外胚层细胞围成的体内空腔具有细胞内和细胞外消化功能，消化后的营养物质由该腔输送到身体各部分，故称消化循环腔。消化后的残渣再经顶端的开孔排出体外，因此，该孔兼有口和肛门的双重功能。消化循环腔内有许多对自体壁伸向腔内宽窄不同的隔膜，每对隔膜都有一块隔片在支持着，隔膜和隔片数都是6或8的倍数。隔膜的游离端有隔膜丝，其上有刺细胞、腺细胞等，能杀死和消化进入体内的捕获物（如浮游生物和碎屑）。双胚层的珊瑚虫包含几种形态、结构和功能不同的细胞，如皮肌细胞、感觉细胞、神经细胞、刺细胞、腺细胞、性细胞等。外胚层（刺细胞在这层）主要有保护和感觉功能，内胚层（虫黄藻共生在这层）主要有营养功能，内外胚层之间为非细胞结构的中胶层。

三、造礁石珊瑚的繁殖

珊瑚有无性生殖和有性生殖两种繁殖方式。无性生殖通常是出芽生殖，即在珊瑚虫体的触手环内或触手环外出芽，形成芽体，再继续发育成珊瑚虫。少数种类亦可以横裂的方式进行无性生殖。

有性生殖是在珊瑚体上形成精束和卵束，通过精子和卵子结合发育成幼体。有的珊瑚是雌雄同体，有的是雌雄异体。雌雄同体的珊瑚，在腔肠的隔膜丝上有精巢和卵巢，精子、卵子成熟后分别自精巢和卵巢逸出，受精后经卵裂、囊胚而成为实心的原肠胚。原肠胚表面有纤毛，称为浮浪幼虫（planula），幼虫体表有纤毛，在水中游动一段时间后，附着在基质上发育成新个体。

雌雄异体的珊瑚，虫体的隔片上分别只有精巢或卵巢，雄体精子成熟后由口流出，与卵子结合后，发育成浮浪幼虫。附着的幼虫发育成幼体，其隔片和触手均为 6 或 6 的倍数。

四、虫黄藻

虫黄藻（zooxanthellae）是生活在刺胞动物（cnidarian）体内的共生甲藻 *Symbiodinium* spp.（Baker，2003），在经典分类系统中，隶属于黏孢子总门 Myzozoa 甲藻纲 Dinophyceae 横裂甲藻目 Suessiales 共生甲藻科 Symbiodiniaceae（Ruggiero et al., 2015）。已记录的共生甲藻有 21 种。共生甲藻也被发现与放射虫（radiolarian）、有孔虫（foraminiferi）、双壳类（bivalves）和腹足类（gastropods）等共生。虫黄藻与珊瑚的共生是珊瑚礁生态系统的重要组成部分，也是生物协同进化的典范（Lin et al., 2015）。

五、影响造礁石珊瑚的环境因子

温度：造礁石珊瑚生长的最适水温为 23～28℃，16～17℃停止摄食，13℃是致死温度，18℃以下的低温和 30℃以上的高温都不利于造礁石珊瑚的生存（戴昌凤，1989；邹仁林，2001）。由于水温随纬度的增加而递减，因此造礁石珊瑚的分布也随纬度的增加而减少。通常造礁石珊瑚分布在南北纬 28° 之间的海域，并且低纬度的热带海域造礁石珊瑚生长最繁茂。在适宜的水温范围内，珊瑚的生长速度通常随水温的升高而加快，因此，水温的季节性变化会在造礁石珊瑚的骨骼上留下轮纹，这种轮纹与树木的年轮相似。在温度过高或过低的情况下，造礁石珊瑚就会失去共生藻而白化，如果这种环境持续一段时间，造礁石珊瑚就会逐渐死亡。在亚热带水温季节变化大的水域，水温高的夏秋季节造礁石珊瑚特别繁茂，如台湾海峡的澎湖列岛和北部湾涠洲岛的岸礁就有这种情况（邹仁林，2001）。

亮度：造礁石珊瑚与共生藻有非常密切的关系，一切影响共生藻的环境因子也都会影响造礁石珊瑚。由于共生藻的光合作用需要充足的阳光，而光在水中的衰减又很快，因此造礁石珊瑚主要分布在 30m 以浅水域。在较深海底，珊瑚常长成薄的叶片状，并互相层叠形成大群体，以增加聚光面积，此外，它们还有其他一些适应较深海底生活的策略。

流和浪：海流和波浪影响造礁石珊瑚的分布及群体的形态。过强的流、浪会对造礁石珊瑚造成机械性损伤，台风和暴风雨会使珊瑚礁生物群落受到破坏，如枝条型的珊瑚断裂、团块型的珊瑚被珊瑚砂覆盖。南海诸岛环礁潟湖内、外及环礁的向海坡和向湖坡的珊瑚种类与繁茂程度的差别很大，是各位置受流、浪的影响大小不同所致。珊瑚礁的分带主要是海流引起的。海流携带珊瑚的浮浪幼虫扩大了珊瑚的分布范围，同样海流也可携带枝状珊瑚的断枝到他处再生。

海水中的悬浮物和沉积物：造礁石珊瑚只能生长在海水清澈、透明度大的海域。沉积物会影响珊瑚浮游幼虫的附着，悬浮物的沉积会使珊瑚虫窒息死亡，并且悬浮物影响海水的透明度和亮度，进而影响珊瑚及共生藻的生长。

盐度：造礁石珊瑚能生长的海水盐度为 27～40，最适海水盐度为 34～36。河口低盐区没有造礁石珊瑚。

六、造礁石珊瑚与非造礁石珊瑚

石珊瑚目的物种分为造礁石珊瑚与非造礁石珊瑚两类，两类最主要的区别是前者含虫黄藻，后者不含虫黄藻（个别例外）。造礁石珊瑚分布水深为 0～60m，最适水深为 10～20m。非造礁石珊瑚在全球海洋各种深度和各种底质的海底都有分布（表 2-1）。非造礁石珊瑚的种数远远多于造礁石珊瑚。

表 2-1　造礁石珊瑚和非造礁石珊瑚生长环境要素比较（邹仁林，2001）

生长环境要素	造礁石珊瑚	非造礁石珊瑚
温度（℃）	18～30（23～28）*	−1.1～28（8.5～20）*
深度（m）	0～60（10～20）*	各种深度
盐度	27～40（34～36）*	各种盐度
共生藻（虫黄藻）	有	无（个别例外）
生长速度（mm/a）	5～8	
每年增重（%）	20～80	
生长型	群体（少量单体）	单体（少数群体）
分布区	热带、亚热带浅海	全球水域
附着区	硬底（沉积强烈区不能生长）	硬底、软底都能生长
种属	86 属 500～1000 种（印度洋–太平洋区系）	
	26 属 50～68 种（大西洋–加勒比海区系）	

*括号中的数据分别表示最适合的温度、深度、盐度；空白表示无数据

七、造礁石珊瑚的演化、分类和种类

造礁石珊瑚属于刺胞动物门珊瑚虫纲六放珊瑚亚纲石珊瑚目，但造礁石珊瑚不是分类学的分类阶元，而是组织内含有虫黄藻与其共生、能够建造珊瑚礁的石珊瑚类珊瑚。石珊瑚的起源可追溯至 4.5 亿年前的早古生代（Stolarski et al.，2011）。造礁石珊瑚的起源可追溯至 2.6 亿年前的晚二叠纪（Ezaki，2000；Wang et al.，2021）。当今世界海洋生物多样性中心的印太交汇区，石珊瑚在古近纪仍缺乏记录（Wilson et al.，1998）。鹿角珊瑚属 *Acropora* 是世界上种类最多和最为重要的造礁石珊瑚，最早的化石记录于古近纪始新世的英国南部和法国北部（Wallace and Rosen，2006），印太交汇区鹿角珊瑚适应辐射事件出现在上新世和更新世过渡期，伴随着全球珊瑚的灭绝（Mao et al.，2018）。

中国造礁石珊瑚分类的系统研究始于 1975 年，邹仁林等（1975）报道了海南岛造礁石珊瑚 13 科 34 属和 2 亚属的 110 种和 5 亚种。邹仁林（2001）编著了《中国动物志·腔肠动物门·珊瑚虫纲·石珊瑚目·造礁石珊瑚》一书，其中收录了我国造礁石珊瑚 14 科 54 属 174 种。Dai 和 Horng 对台湾造礁石珊瑚的分类进行了系统研究，在 2009 年编著了 *Scleractinia Fauna of*

Taiwan. I. The Complex Group 和 *Scleractinia Fauna of Taiwan. II. The Robust Group*，共记录台湾岛及其邻近岛屿、东沙群岛和南沙群岛太平岛等的 12 科 65 属 220 种石珊瑚。

Veron（1995）的造礁石珊瑚分类体系得到了同行的广泛认可。然而，造礁石珊瑚具有环境差异引起的表型可塑性，种间形态界限模糊现象使得其分类体系依旧存在问题。Kitahara等（2016）提出了新的分类体系，该体系得到了广泛认可，并被 WoRMS（World Register of Marine Species）采用（Hoeksema and Cairns，2020）。近来，我国学者收集了中国造礁石珊瑚物种记录文献资料，采用新的造礁石珊瑚分类体系，形成中国造礁石珊瑚物种名录，据统计，中国共有造礁石珊瑚 2 类群 16 科 77 属 445 种（表 2-2）（黄林韬等，2020）。

表 2-2　中国造礁石珊瑚种类组成

类群	科名	属名	种数
复杂类群 Complex	鹿角珊瑚科 Acroporidae	鹿角珊瑚属 *Acropora*	74
		假鹿角珊瑚属 *Anacropora*	3
		同孔珊瑚属 *Isopora*	4
		穴孔珊瑚属 *Alveopora*	9
		星孔珊瑚属 *Astreopora*	9
		蔷薇珊瑚属 *Montipora*	46
	滨珊瑚科 Poritidae	角孔珊瑚属 *Goniopora*	16
		伯孔珊瑚属 *Bernardpora*	1
		滨珊瑚属 *Porites*	28
	菌珊瑚科 Agariciidae	西沙珊瑚属 *Coeloseris*	1
		加德纹珊瑚属 *Gardineroseris*	1
		薄层珊瑚属 *Leptoseris*	11
		厚丝珊瑚属 *Pachyseris*	5
		牡丹珊瑚属 *Pavona*	12
	真叶珊瑚科 Euphylliidae	真叶珊瑚属 *Euphyllia*	4
		纹叶珊瑚属 *Fimbriaphyllia*	3
		盔形珊瑚属 *Galaxea*	5
		单星珊瑚属 *Simplastrea*	1
	铁星珊瑚科 Siderastreidae	铁星珊瑚属 *Siderastrea*	1
		假铁星珊瑚属 *Pseudosiderastrea*	1
	木珊瑚科 Dendrophylliidae	陀螺珊瑚属 *Turbinaria*	11

续表

类群	科名	属名	种数
坚实类群 Robust	星群珊瑚科 Astrocoeniidae	柱群珊瑚属 *Stylocoeniella*	3
		非六珊瑚属 *Madracis*	1
		帛星珊瑚属 *Palauastrea*	1
	杯形珊瑚科 Pocilloporidae	杯形珊瑚属 *Pocillopora*	6
		排孔珊瑚属 *Seriatopora*	3
		柱状珊瑚属 *Stylophora*	3
	石芝珊瑚科 Fungiidae	圆饼珊瑚属 *Cycloseris*	7
		石叶珊瑚属 *Lithophyllon*	4
		刺石芝珊瑚属 *Danafungia*	2
		石芝珊瑚属 *Fungia*	1
		叶芝珊瑚属 *Lobactis*	1
		侧石芝珊瑚属 *Pleuractis*	5
		梳石芝珊瑚属 *Ctenactis*	2
		绕石珊瑚属 *Herpolitha*	1
		多叶珊瑚属 *Polyphyllia*	1
		履形珊瑚属 *Sandalolitha*	2
		帽状珊瑚属 *Halomitra*	1
		足柄珊瑚属 *Podabacia*	1
		辐石芝珊瑚属 *Heliofungia*	1
	沙珊瑚科 Psammocoridae	沙珊瑚属 *Psammocora*	5
	筛珊瑚科 Coscinaraeidae	筛珊瑚属 *Coscinaraea*	5
	黑星珊瑚科 Oulastreidae	黑星珊瑚属 *Oulastrea*	1
	叶状珊瑚科 Lobophylliidae	小褶叶珊瑚属 *Micromussa*	3
		同叶珊瑚属 *Homophyllia*	2
		棘星珊瑚属 *Acanthastrea*	7
		刺叶珊瑚属 *Echinophyllia*	5
		尖孔珊瑚属 *Oxypora*	3
		缺齿珊瑚属 *Cynarina*	1
		叶状珊瑚属 *Lobophyllia*	13

续表

类群	科名	属名	种数
坚实类群 Robust	裸肋珊瑚科 Merulinidae	拟圆菊珊瑚属 *Paramontastraea*	1
		刺孔珊瑚属 *Echinopora*	6
		刺星珊瑚属 *Cyphastrea*	8
		拟菊花珊瑚属 *Paragoniastrea*	3
		菊花珊瑚属 *Goniastrea*	6
		裸肋珊瑚属 *Merulina*	3
		莩叶珊瑚属 *Scapophyllia*	1
		刺柄珊瑚属 *Hydnophora*	5
		圆星珊瑚属 *Astrea*	2
		粗叶珊瑚属 *Trachyphyllia*	1
		腔星珊瑚属 *Coelastrea*	2
		盘星珊瑚属 *Dipsastraea*	14
		肠珊瑚属 *Leptoria*	2
		扁脑珊瑚属 *Platygyra*	11
		角蜂巢珊瑚属 *Favites*	15
		耳纹珊瑚属 *Oulophyllia*	3
		干星珊瑚属 *Caulastraea*	4
		梳状珊瑚属 *Pectinia*	3
		斜花珊瑚属 *Mycedium*	3
		囊叶珊瑚属 *Physophyllia*	1
		小笠原珊瑚属 *Boninastrea*	1
	同星珊瑚科 Plesiastreidae	同星珊瑚属 *Plesiastrea*	1
	双星珊瑚科 Diploastraeidae	双星珊瑚属 *Diploastrea*	1
	未定类 incertae sedis	小星珊瑚属 *Leptastrea*	6
		泡囊珊瑚属 *Plerogyra*	2
		鳞泡珊瑚属 *Physogyra*	1
		胚褶叶珊瑚属 *Blastomussa*	2

资料来源：黄林韬等，2020

据邹仁林（2001）和戴昌凤等（2009）的研究，造礁石珊瑚在我国的福建、广东、广西、海南、台湾和南海诸岛的种数分布见表2-3。

表 2-3　造礁石珊瑚在中国的分布（种数）

分布	南沙群岛	中沙群岛	西沙群岛	东沙群岛	海南	台湾	广西	广东	福建
种数	100	46	103	91	95	273	24	45	6

第三节　中国的珊瑚礁

一、珊瑚礁的成因

达尔文（Charles Robert Darwin）1842年编写了 *Coral Reefs*，他认为环礁是火山岛缓慢下沉到海面以下，附着在火山岛的造礁生物仍然继续生长，经漫长的地质变化过程而形成的。多数学者认同达尔文的观点，并将其载入教科书。曾昭璇等（1997）分析了西沙群岛的环礁钻孔资料，认为南海环礁的形成与"南海地台"断块下沉有关，并非"火山下沉"成因。

二、珊瑚礁的类型

根据珊瑚礁的形状、与陆地或岛屿的关系以及生长的形态，通常将珊瑚礁分为环礁、岸礁和堡礁等类型。

（1）岸礁（fringing reef）：又称"缘礁"，直接附着在陆块上，与陆地之间没有潟湖相隔的珊瑚礁（第二届动物学名词审定委员会，2021）。岸礁多分布在海岛四周，礁体构成一个位于海平面下的平台，紧靠陆地分布。海南岛、台湾岛周边及离岛的珊瑚礁都是岸礁。

（2）堡礁（barrier reef）：距岸边有些距离、与岸礁间有水相隔的珊瑚礁（第二届动物学名词审定委员会，2021）。堡礁像长堤一样，环绕在离岸的外围，而与海岸间隔着一宽阔的浅海区，这个区称为潟湖（lagoon）。世界上最著名的堡礁是澳大利亚长达2400km的大堡礁。

（3）环礁（atoll）：环绕着下沉的火山岛生长，中间是浅水潟湖的珊瑚礁（第二届动物学名词审定委员会，2021）。南海环礁并非"火山下沉"成因，而是由本地区地貌发育形成的。环礁外形呈环状（多数为椭圆形或圆形），环内区域也称潟湖，潟湖内水浅、较平静。露出水面的环礁称为明礁，而许多未露出水面的称为暗礁。环礁多位于印度洋—太平洋水域，在大西洋则未出现。南海的东沙群岛、西沙群岛、中沙群岛和南沙群岛都是环礁。

根据珊瑚礁的形状和发育，也可将珊瑚礁分为台礁、塔礁、点礁和礁滩4种类型。

（1）台礁（platform reef）：也称桌礁，实心，似圆形或椭圆形，中间无潟湖，或潟湖已淤积为浅水洼塘，如西沙群岛的中建岛。礁可侧向和向上发育。

（2）塔礁（pinnacle reef）：竖于浅海、大陆坡上的细高礁体。礁不易侧向发育，而生长成塔状。

（3）点礁（patch reef）：也称斑礁，是潟湖中孤立的小碎体，形态多样。在礁的生长演化中，多属于未"成熟"礁体。

（4）**礁滩**（reef flat）：匍匐在浅海海底的丘状珊瑚礁，如南沙群岛南部的曾母暗沙。

三、南海环礁的分布

中国珊瑚礁大致分为环礁和岸礁两大类，环礁分布在南沙群岛、西沙群岛、中沙群岛和东沙群岛，岸礁分布于台湾及其附近岛屿和海南、广西、广东、福建沿海。现就南海环礁的分布分述如下。

（一）南沙群岛环礁

南沙群岛环礁分布于南沙群岛海域的大陆架、大陆坡到海盆边缘部分。海底1500～2000m的台阶上山地林立，是环礁发育的良好场所。南沙群岛许多环礁是由火山岛发育起来的，也有一些是在长期隆起脊发育起来的。

按形态，南沙群岛环礁大致分为5类：纺锤形环礁（最常见）、长条状环礁、圆形及椭圆形环礁、三角形环礁、多角形环礁。

按成因，南沙群岛环礁分为以下5类。

（1）**沉没环礁**：整个珊瑚礁沉没在海面以下，即使大潮低潮也不干出，如大渊滩、乐斯暗沙等环礁。

（2）**开放环礁、半开放环礁**：开放环礁礁环上的门多；门的总长度达到礁环长度1/3的环礁称为半开放环礁。

（3）**典型环礁**：典型环礁的礁盘上发育有沙洲、沙岛，岛、礁、门都具备。中部潟湖地貌也很典型，造礁石珊瑚繁茂。

（4）**残缺环礁**：典型环礁地貌发育不正常，形态上也不典型，则称为残缺环礁。例如，罗孔环礁西侧发育了两个小岛，即费信岛和马欢岛，而东翼却缺失。

（5）**封闭环礁**：礁环完整的环礁（即基本上没有门的地形存在）一般在退潮时可以部分干出，这类环礁在南沙群岛环礁中也常见，如渚碧礁、海口礁、华阳礁、南华礁、舰长礁等。礁盘上造礁石珊瑚生长旺盛。

南沙群岛环礁链地形很突出，如中业环礁链、永登环礁链、乐斯环礁链、仙宾环礁链、北康暗沙环礁链。

表2-4列出了南沙群岛的环礁及拟环礁的名称、类型。

表2-4　南沙群岛珊瑚礁

名称	类型		名称	类型	
		环礁			
1. 双子群礁	典型环礁		5. 梅九礁	开放环礁	
2. 永登暗沙	沉没环礁		6. 渚碧礁	封闭环礁	
3. 乐斯暗沙	沉没环礁		7. 道明群礁	开放环礁	
4. 中业群礁	典型环礁		8. 蒙自礁	沉没环礁	

续表

名称	类型	名称	类型
9. 火艾礁	开放环礁	39. 光星礁	封闭环礁
10. 郑和群礁	开放环礁	40. 光星仔礁	封闭环礁
11. 九章群礁	开放环礁	41. 弹丸礁	封闭环礁
12. 赤瓜礁	封闭环礁	42. 皇路礁	封闭环礁
13. 牛轭礁	封闭环礁	43. 南通礁	封闭环礁
14. 小现礁	封闭环礁	44. 盟谊暗沙	封闭环礁
15. 大现礁	封闭环礁	45. 盟谊南环礁	开放环礁
16. 福禄寺礁	封闭环礁	46. 南安礁	开放环礁
17. 永暑礁	开放环礁	47. 康西暗沙	开放环礁
18. 毕生礁	封闭环礁	48. 南屏礁	半开放环礁
19. 华阳礁	封闭环礁	49. 康西北环礁	开放环礁
20. 东礁	封闭环礁	50. 琼台礁	封闭环礁
21. 中礁	封闭环礁	51. 海安礁	封闭环礁
22. 西礁	开放环礁	52. 海宁礁	封闭环礁
23. 日积礁	封闭环礁	53. 三角礁	封闭环礁
24. 南薇滩	沉没环礁	54. 禄沙礁	封闭环礁
25. 广雅滩	封闭环礁	55. 美济礁	半开放环礁
26. 人骏滩	封闭环礁	56. 仙娥礁	封闭环礁
27. 李准滩	封闭环礁	57. 信义礁	封闭环礁
28. 奥援暗沙	沉没环礁	58. 海口礁	封闭环礁
29. 六门礁	开放环礁	59. 半月礁	半开放环礁
30. 南华礁	封闭环礁	60. 仁爱礁	开放环礁
31. 无乜礁	封闭环礁	61. 仙宾礁	半开放环礁
32. 司令礁	封闭环礁	62. 蓬勃暗沙	封闭环礁
33. 榆亚暗沙	开放环礁	63. 五方礁	开放环礁
34. 簸箕礁	封闭环礁	64. 半路礁	封闭环礁
35. 南海礁	封闭环礁	65. 安塘	开放环礁
36. 玉诺礁	封闭环礁	66. 大渊滩	沉没环礁
37. 柏礁	封闭环礁	67. 罗孔环礁	残缺环礁
38. 安渡礁	沉没环礁	68. 舰长礁	封闭环礁

名称	类型	名称	类型
69.南方浅滩	沉没环礁	72.棕滩	半开放环礁
70.牛车轮礁	封闭环礁	73.礼乐滩	沉没环礁
71.海马滩	封闭环礁		
拟环礁			
1.南威岛	封闭环礁	4.西卫滩	沉没环礁
2.勇士滩	封闭环礁	5.万安滩	沉没环礁
3.忠孝滩	封闭环礁		

资料来源：曾昭璇等（1997）

（二）西沙群岛环礁

西沙群岛环礁主要集中在西沙群岛大陆坡的1000m深水台阶上，北面为西沙海槽，水深在2000m以上，东面亦有中沙海槽和中沙环礁相对，只有西南面和大陆架连接。

西沙台阶上主要分布有4块珊瑚体（永乐群岛、华光礁、宣德群岛和东岛），并和海南岛以西沙海槽分开。

西沙群岛环礁多呈长圆形或纺锤形，前者如浪花礁、华光礁，后者如东岛、永乐群岛。按形态或成因，西沙群岛环礁可分为5种类型。

（1）典型环礁：永乐群岛。

（2）残缺环礁：宣德群岛、东岛。

（3）封闭环礁：玉琢礁、浪花礁、中建岛、羚羊礁。

（4）半封闭环礁：华光礁、北礁、盘石屿。

（5）环礁链：金银岛。

永乐群岛是典型环礁，具有洲、岛、门、礁等地形，潟湖也很完整。

宣德群岛是残缺环礁，西部礁体缺失，南部礁体下沉成为银砾滩。

东岛东北部因有火山喷发而缺失，目前海面上仍有火山颈残留——高6m小岛高尖石，由于有玄武岩火山角砾岩保存，知其为火山口，是一座水下喷发火山，穿过珊瑚碎屑层而出。

表2-5列出了西沙群岛环礁的名称、类型。

表2-5 西沙群岛的珊瑚礁

名称	类型	名称	类型
1.永乐群岛	典型环礁	7.北礁	半封闭环礁
2.宣德群岛	残缺环礁	8.盘石屿	半封闭环礁
3.东岛	残缺环礁	9.羚羊礁	封闭环礁
4.华光礁	半封闭环礁	10.中建岛	封闭环礁

续表

名称	类型	名称	类型
5. 玉琢礁	封闭环礁	11. 金银岛	环礁链
6. 浪花礁	封闭环礁		

（三）中沙群岛环礁

中沙群岛已知的环礁只有 2 个，一个是中沙环礁，另一个是黄岩环礁。

中沙群岛所在的水下台阶比西沙台阶（1000～2000m）要小，水深在 2000m 以内。中沙地块成为张裂隆起部分，是珊瑚生长基地。

黄岩岛处于南海中央海盆中部东西海山带中，并且是耸立在最高的一座海山上。珊瑚礁在海山上生长，使黄岩岛高达海面，并形成不少礁头高出海面。黄岩岛形成于中新世（距今 2000 万～1700 万年），仅顶部成为珊瑚礁发育的基础。

由于中沙群岛和黄岩岛地质基础不同，因此所形成的环礁地形也不相同。在多变动的中沙群岛，形成了沉没环礁，而在海盆区的黄岩岛则生成半封闭环礁（表 2-6）。

表 2-6　中沙群岛的珊瑚礁

名称	类型
中沙环礁	沉没环礁
黄岩环礁	半封闭环礁

（四）东沙群岛环礁

东沙群岛已知的环礁只有 3 个，是大陆坡上发育起来的，台阶在水下 300～400m，基底埋深 1000m，为玄武岩所成的火山体。东沙环礁是一个典型环礁，具有洲、岛、门和礁 4 类地形。东沙岛是东沙群岛中最大的岛屿，并有小沙洲形成，环形也很完整。东沙群岛滩礁中的北卫滩、南卫滩和附近的一连串浅滩，多为椭圆形礁体（表 2-7）。

表 2-7　东沙群岛的珊瑚礁

名称	类型
东沙环礁	典型环礁
南卫滩	沉没环礁
北卫滩	沉没环礁

四、南海环礁的地形地貌

南海环礁由洲、岛、门、礁组成。环礁的地形和礁基底的水深各不相同。

（一）南沙群岛环礁地形地貌

南沙群岛环礁多形成于古近系地层褶皱的隆起脊上，且都是火山基底。用断裂拗陷带来区分南沙群岛的4个地貌区。南华水道水深在2000m以上，把南沙群岛分为南北两大区域，可用南北走向的南沙中央水道（水深2000m）分为两部分，也可用北北东走向的南水道（大部分水深2000m）分为东西两片，直连上大陆架，因此南沙群岛环礁可分为如下4个地貌区（曾昭璇等，1997）。

（1）北部西段雁行环礁及环礁链区。

（2）北部东段礼乐滩大环礁区。

（3）南部西段东东北走向环礁区。

（4）南部东段平行于东北隆起脊环礁区。

赵焕庭等（1996）报道了南沙群岛珊瑚礁的自然特征，他们认为南沙群岛都是生物礁。南沙群岛远离大陆，绝大部分物质是原地的生物$CaCO_3$成分，根据钻探岩芯的组分分析，自早更新世晚期以来的造礁生物主要是六放珊瑚中的石珊瑚，还有八放珊瑚中的笙珊瑚和苍珊瑚、水螅纲的多孔螅、绿藻门的仙掌藻、红藻门的珊瑚藻及双壳类软体动物、有孔虫、苔藓虫等。

礁顶上礁坪围绕浅水潟湖者称环礁。若干小环礁（礁镯）共同围绕一个深水潟湖，组成一个有统一礁座的大环礁者称群礁，群礁面积最小的也超过$100km^2$。台礁仅有礁坪而无潟湖。挺拔的塔礁兀立于大陆坡或海谷坡上，未露出水面。矮小的礁丘匍匐在大陆坡或大陆架上。

环礁的地貌-沉积相带自海向潟湖可划分为：①向海坡相带，从礁坪外缘坡折线向海的水下斜坡；②礁坪相带，宽窄不一，一般为数百米，地势平坦；③潟湖相带，潟湖大小、深浅不一；④潮汐信道，连接潟湖和海的通道，水深因潟湖的深浅而不等。

对永暑礁和渚碧礁外坡的测深资料表明，外坡地貌分为3种：①外坡水深50m以浅为浅水平台；②外坡水深650~900m为坡折；③外坡水深1700~2100m为深水平台（南沙平台）。两个平台之间又以上述坡折为界，分为上坡、下坡，上坡较陡，为15.7°~36.1°，下坡较缓，为4.3°~24.7°。外坡具有多级阶地，浅水平台普遍存在20m和40~50m两级；上坡常见90m、115~120m、140m、180m、200~220m、250~270m、370~380m、400~420m、480~510m、560~580m、620~650m、780~790m等级；下坡常见900~950m、1050~1100m、1200m、1300m、1420~1450m、1500~1600m、1687~1700m、1800~1850m等级。目前对这些阶地的物质组成、成因和年龄了解尚少，其中一部分同海平面变化有关，另一部分可能同地质构造、岩性和结构运动有关。近2000m高的礁体与礁格架的支持生物造礁石珊瑚的生长率有关。

（二）西沙群岛环礁地形地貌

1. 宣德群岛环礁

宣德群岛环礁位于西沙台阶东北部，是一残缺环礁，呈西北向到东南向的椭圆形。北礁盘、东北礁盘特别发育，形成环礁地形，其上发育为成串小岛和沙洲，如赵述岛、北岛、中岛、南岛、石岛、永兴岛和西沙洲、北沙洲、中沙洲、南沙洲，其中仅赵述岛、北岛、永兴岛的礁体有礁盘（曾昭璇等，1997）。

整个西沙群岛是水深 1500～2000m 的海底高原（台阶），高尖石是南海诸岛中唯一的火山岩岛屿，是更新世海底火山喷发形成的。永兴岛礁体是从水下 1251m 的岩石基底发展起来的，深 1134.9～1137.4m 的礁炭岩样分析结果表明新生代该区海面多次变化。永兴岛礁前水下斜坡陡峻，一般坡度为十几度，是珊瑚丛林原生礁带（赵焕庭等，1994）。

2. 永乐群岛环礁

永乐群岛环礁位于西沙群岛中北部，是成熟的典型环礁，洲、岛、门、礁 4 种环礁地貌都有，是南海岛屿最多的群岛，其形态多样（表 2-8）。

表 2-8　永乐群岛珊瑚礁的形态

岛名	形态	岛名	形态
1. 金银岛	椭圆形	8. 银屿	圆形
2. 羚羊礁	椭圆形	9. 石屿	椭圆形
3. 甘泉岛	圆形	10. 银屿仔	椭圆形
4. 珊瑚岛	椭圆形	11. 晋卿岛	椭圆形
5. 全富岛	圆形	12. 琛航岛	三角形
6. 咸舍屿	椭圆形	13. 广金岛	三角形
7. 鸭公岛	鸭形		

永乐群岛的众多岛屿呈一环形包围着一个潟湖，湖水深在 40m 以内。环礁外坡度为 21°。在海面下 15～25m 处发育有水下平台。基底为水深超过 1000m 的水下隆起台阶。潟湖和南海之间有不少水道。

永乐群岛各个区大礁体已向上生长到达海面附近，并向四面扩展，各礁体在广大的礁盘上形成，礁盘上容易堆起众多的沙岛。岛礁包绕的潟湖呈椭圆形，潟湖中有点礁。

3. 东岛环礁

东岛环礁位于西沙台阶（900～1000m 水深平台）东缘，是西沙群岛最大的环礁，东岛是残缺环礁，洲、岛、门、礁不明显。高尖石是火山颈，是西沙群岛唯一的火山岛地形。东岛环礁由东岛、高尖石两岛和北边廊、滨湄滩、湛涵滩组成，是开放型残缺环礁。环礁向海外坡坡度大，是在 1100m 水深的西沙台阶生长起来的。东岛环礁潟湖水浅，水下大致由三级平台组成，一级水深 2～5m，二级水深 15～25m，三级水深 50～60m，第三级湖底地面宽达 26km 以上。

东岛是东岛环礁中唯一露出水面的岛礁。环岛沙堤高 4～5m，宽 40～60m。潟湖干涸，已成为洼地，只有数条水塘，洼地高于海面 3m。岛上有抗风桐 *Pisonia grandis* 乔木林，林间有两种鲣鸟 *Sula sula* 和 *Sula leucogaster*，鸟粪层厚 1～2.5m。东岛是国家级自然保护区。

（三）中沙群岛环礁地形地貌

中沙群岛有 2 个环礁，即中沙环礁和东面相距 315km 的黄岩环礁。

（1）中沙环礁：全部礁体都在海面以下，最浅处仍有 9m（漫步暗沙），最深处达 18m（安定连礁），这些水下礁体称为暗沙、滩、连礁等。中沙环礁为东北至西南延伸的椭圆形环礁，由一圈环瑚礁体包绕潟湖而成。水下潟湖大部分深 80m，分 20m、60m、80m 三级阶地。潟湖中有不少点礁。

（2）黄岩环礁：礁体呈三角形，涨潮时有巨大礁头露出海面，退潮时成群礁石露出海面。黄岩岛实际上只是一块巨大礁石的名称。黄岩环礁是中国唯一的大洋型环礁，它的基底是海山，即它是在海盆深处喷发的火山上形成的环礁，是南海海盆中远离大陆块的礁群。

黄岩环礁发育完整，除东南有狭口外，基本相连。环礁的礁前外坡度为 15° 以上，直下 4000m 深海。潟湖呈三角形，湖中多点礁。潟湖分潟湖斜坡和底部，底部水深变化不大（1～20m）。点礁个体多，面积又大，大的可达 1000m^2。潟湖岸到中心分 4 个沉积带：边缘珊瑚碎屑沉积带、仙掌藻碎屑沉积带、有孔虫和苔藓虫沉积带、石灰软泥沉积带。

（四）东沙群岛环礁地形地貌

东沙环礁位于南海北部大陆坡上，属大陆坡环礁，在东沙环礁的一级水下阶地 200～300m 处，它与台阶西部南卫滩及北卫滩组成东沙群岛的主体岛礁。

东沙环礁地貌类型很齐全，除洲、岛、门、礁之外，还发育有点礁和礁环。

东沙岛全部由钙质贝壳沙堆成，是灰沙岛，岛上植被茂密，海鸟聚集，鸟粪层厚达 1～2m。

五、中国海域环礁区松散沉积物（堆积物）的生物碎屑

南沙群岛和西沙群岛远离大陆，堆积在珊瑚礁区的礁坪、潟湖等的非陆源松散物，是组成珊瑚礁和栖息在珊瑚礁中的含 $CaCO_3$ 的生物脱落后，经历长期的风浪研磨和堆积而形成的生物碎屑。西沙群岛珊瑚礁礁坪的生物碎屑与南沙群岛珊瑚礁礁坪的有较大差异，西沙群岛造礁石珊瑚碎屑占绝对优势。

（一）南沙群岛礁坪和潟湖的生物碎屑

南沙群岛礁坪生物碎屑组分为：造礁石珊瑚、珊瑚藻、仙掌藻、软体动物、有孔虫和其他生物。不同礁和相同礁的不同方位，各生物碎屑组分所占比例存在差异（表 2-9）。

表 2-9　南沙群岛礁坪生物碎屑的组成

礁名	生物组分（%）					
	造礁石珊瑚	珊瑚藻	仙掌藻	软体动物	有孔虫	其他
仙宾礁 1	46.3	33.5	2.0	12.3	0.8	4.9
仙宾礁 2	20.3	50.0	7.0	10.0	5.0	8.8

续表

礁名	生物组分（%）					
	造礁石珊瑚	珊瑚藻	仙掌藻	软体动物	有孔虫	其他
仙宾礁3	30.0	40.0	7.0	15.0	4.0	4.0
仙宾礁4	7.0	12.2	23.7	14.1	34.7	8.4
舰长礁	43.8	36.7	1.2	13.2	0.8	4.5
仁爱礁1	49.0	37.8	0.6	7.8	0.9	4.1
仁爱礁2	41.6	43.2	0.9	12.0	0.4	1.9
仁爱礁3	6.2	12.3	59.1	20.7	0.8	0.9
仁爱礁4	24.8	9.2	46.1	11.7	5.7	3.2
仙娥礁1	41.9	44.7	4.3	7.0	1.1	1.0
仙娥礁2	35.5	11.6	5.7	14.7	0.8	1.7
仙娥礁3	34.4	43.0	1.2	18.1	1.1	2.2
信义礁1	27.9	21.4	7.8	19.3	8.0	15.6
信义礁2	19.2	43.9	9.2	21.4	1.1	5.2
蓬勃暗沙	10.0	50.0	5.0	25.0	3.0	7.0
美济礁	35.9	42.3	2.1	15.2	1.8	2.7
海口礁	20.0	30.0	10.0	15.0	10.0	15.0
平均	29.5	33.6	11.5	15.2	4.8	5.4

资料来源：聂宝符（1989）

南沙群岛环礁潟湖生物碎屑组分为：造礁石珊瑚、珊瑚藻、仙掌藻、软体动物、有孔虫和其他生物。不同礁和相同礁在潟湖的不同水深，各生物碎屑组分所占比例存在差异（表2-10）。

表2-10 南沙群岛环礁潟湖生物碎屑的组成 [①]

礁名	水深（m）	生物组分（%）					
		造礁石珊瑚	珊瑚藻	仙掌藻	软体动物	有孔虫	其他
仙宾礁1	12	19.5	22.9	24.3	10.2	14.9	8.2
仙宾礁2	8	11.3	15.3	20.8	16.8	11.4	24.4
仙宾礁3	30	15.0	10.0	40.0	15.0	10.0	10.0
仁爱礁1	15	5.0	10.0	40.0	20.0	20.0	10.0
仁爱礁2	23	3.3	5.0	74.1	9.2	6.9	3.3

① 本书部分数据百分比之和不等于100%是因为有些数据进行过修约。

续表

礁名	水深（m）	生物组分（%）					
		造礁石珊瑚	珊瑚藻	仙掌藻	软体动物	有孔虫	其他
仁爱礁3	6	10.0	15.0	15.0	30.0	10.0	10.0
仁爱礁4	11	15.0	25.0	10.0	30.0	20.0	10.0
仁爱礁5	2	40.5	36.9	0.5	20.0	2.2	1.0
仁爱礁6	2	46.0	29.7	3.7	14.1	3.7	3.7
仙娥礁1	8	10.0	5.0	60.0	15.0	5.0	5.0
仙娥礁2	10	10.0	10.0	25.0	30.0	10.0	1.0
仙娥礁3	4	10.6	35.9	4.1	47.1	20.0	1.7
信义礁1	8	15.0	10.0	25.0	20.0	20.0	10.0
信义礁2	8	10.0	25.0	10.0	45.0	0.6	5.0
信义礁3	5	16.0	50.4	6.9	23.3	0.8	2.6
半月礁1	27	10.0	15.0	30.0	20.0	10.0	15.0
半月礁2	20	15.0	20.0	40.0	10.0	5.0	15.0
海口礁	15	19.0	19.8	11.9	20.0	11.4	17.6
舰长礁	31	4.7	14.2	26.7	34.8	5.5	14.1
牛车轮礁	2.5	37.7	21.1	12.4	18.7	6.1	3.9
美济礁	2	37.6	17.1	19.6	13.0	8.3	4.8
平均		17.3	19.3	23.9	21.4	9.6	8.4

资料来源：聂宝符（1989）

（二）西沙群岛的生物碎屑

西沙群岛的生物碎屑组分为：造礁石珊瑚、石灰藻、贝壳、有孔虫、苔藓虫、其他钙屑和非钙屑。不同岛屿和相同岛屿的不同方位，各生物碎屑组分所占比例存在差异（表2-11），但都是造礁石珊瑚碎屑占绝对优势。

表2-11　西沙群岛珊瑚礁区生物碎屑的组成

礁名	生物组分（%）						
	造礁石珊瑚	石灰藻	贝壳	有孔虫	苔藓虫	其他钙屑	非钙屑
甘泉岛西南岸堤	76.8	4.7	14.6	—	—	2.7	1.3
甘泉岛西南岸滩	82.6	2.6	6.8	6.3	1.1	0.1	1.4
全富岛东岸	80.3	1.3	4.7	11.8	0.3	0.7	0.9

续表

礁名	生物组分（%）						
	造礁石珊瑚	石灰藻	贝壳	有孔虫	苔藓虫	其他钙屑	非钙屑
全富岛北岸	62.8	12.3	22.7	0.4	0.7	0.7	0.4
全富岛西南岸	75.7	3.0	13.3	5.8	0.2	—	2.1
全富岛南岸	93.9	—	2.5	2.2	—	1.2	0.3
琛航岛西北岸	63.6	0.9	27.1	4.6	0.9	1.1	1.8
广金岛东端	64.7	10.8	19.7	2.6	1.0	0.4	0.8
永兴岛东北岸	43.9	15.3	13.8	15.7	8.1	2.3	1.1
永兴岛东岸	67.0	1.2	23.4	4.3	2.7	1.0	0.4
西沙洲西南	46.5	22.8	18.8	1.9	9.6	0.3	—
盘石屿西北	66.9	10.6	18.9	2.9	0.1	—	0.6
盘石屿中部	67.2	7.3	23.2	1.4	0.3	0.2	0.3
东岛西南岸堤	60.9	5.2	16.1	15.4	0.9	0.9	0.7
中建岛西北西	73.8	2.5	21.7	0.8	0.1	1.1	0.1
中建岛潟湖底	67.3	6.9	20.9	2.2	1.4	0.3	0.9
中建岛东南东	75.6	3.1	18.5	0.7	1.0	1.0	—
金银岛东南	68.3	5.6	19.3	4.7	1.0	0.6	0.4
石岛东北岸	67.0	5.8	19.1	6.3	0.8	0.5	0.5
晋卿岛东北	52.7	16.7	15.7	11.2	2.5	1.0	0.3
赵述岛西南	60.8	8.1	13.8	14.7	0.6	2.0	—
赵述岛礁盘	61.6	9.1	13.0	12.6	1.6	1.8	0.2
珊瑚岛东北	69.8	7.3	13.7	7.7	0.9	0.6	0.1
银屿西北	62.3	6.9	25.2	4.3	0.3	0.8	0.2
银屿仔西偏北	69.5	7.1	17.5	2.9	0.1	2.0	0.3
平均	67.3	7.1	16.3	6.0	1.6	1.0	0.7

资料来源：邹仁林等（1979）

"—"表示未涉及

六、中国海域造礁石珊瑚的生长率

　　根据造礁石珊瑚的生长率，可以推测珊瑚礁的形成和演变过程，也可以阐明古气候、古环境的变迁情况。Ma（1959）用直接观察珊瑚的疏密纹的方法，聂宝符（1984）用 X 射线照射的方法进行珊瑚生长率研究，先后对 12 地的 6 种珊瑚的生长率进行了研究，包括环礁和岸礁的珊瑚（表 2-12～表 2-15）。结果表明，所测 16 次珊瑚的生长率为 5.5～15mm/a，纬度较低、水较浅的珊瑚生长率较大，环礁珊瑚的生长率比岸礁珊瑚的大。

表 2-12　澄黄滨珊瑚 *Porites lutea* 的生长率

地点	生长率（mm/a）	水深（m）	参考文献
海南岛南部	7.2～7.4	<5	聂宝符，1984
西沙群岛	6.0	<8	聂宝符，1984
蓬勃暗沙	8.5	<5	聂宝符，1984
仙宾礁	8.3	<5	聂宝符，1984
曾母暗沙	5.5	17.5	聂宝符，1987
蓬勃暗沙	8.5	<5	聂宝符，1987
仙宾礁	8.3	<5	聂宝符，1987

表 2-13　锯齿刺星珊瑚 *Cyphastrea serailia* 的生长率　　　　（单位：mm/a）

地点	1953 年	1954 年	参考文献
硇洲岛	6.0	8.0	聂宝符，1984
赵述岛	7.4	10.2	聂宝符，1984

表 2-14　多星孔珊瑚 *Astreopora myriophthalma* 的生长率　　　　（单位：mm/a）

地点	生长率	参考文献
东沙群岛	7～10	Ma，1959
东沙群岛	9～15	Ma，1959
海南岛东部	6～9.5	聂宝符，1987
仙宾礁	10.0	聂宝符，1987

表 2-15　三种扁脑珊瑚的生长率

地点	生长率（mm/a）	水深（m）	参考文献
仙宾礁（星状扁脑珊瑚 *Platygyra astraeiformis*）	10.7	<5	聂宝符，1987
郑和群礁（片扁脑珊瑚 *Platygyra lamellina*）	8.0	—	Ma，1959
郑和群礁（精巧扁脑珊瑚 *Platygyra daedalea*）	8.5	—	Ma，1959

"—"表示无数据

七、中国海域珊瑚群落的结构和分布

（一）西沙群岛珊瑚群落的总体结构和分布

珊瑚礁造礁石珊瑚群落的结构和分布研究，是珊瑚礁生态系统的重要研究内容之一。西沙群岛造礁石珊瑚的分带和分布见表 2-16。

西南向和东北向的向海斜坡：在礁平台前缘有间隙辐射状溶沟，深而宽，底部珊瑚石呈光滑椭圆形或卵形，无活珊瑚，只有壁上有柏美羽螅 *Aglaophenia cupressina* 和中国粉枝藻 *Liagora sinensis* 等多种海藻。在沟之间的斜坡上只有面积小于 1% 的粗野鹿角珊瑚 *Acropora humilis*、短枝杯形珊瑚 *Pocillopora danae*、疣状杯形珊瑚 *Pocillopora verrucosa* 及扁叶多孔螅 *Millepora platyphylla*，粗野鹿角珊瑚主枝变得短而粗。

表 2-16　西沙群岛造礁石珊瑚的分带和分布

方向	位置	地貌和分布	造礁石珊瑚
东北向	向海斜坡	溶沟和斜背坡，鹿角珊瑚带	粗野鹿角珊瑚 *Acropora humilis*、短枝杯形珊瑚 *Pocillopora danae*、疣状杯形珊瑚 *Pocillopora verrucosa*、扁叶多孔螅 *Millepora platyphylla*
	礁平台	破浪带	无活珊瑚
		鹿角珊瑚带	美丽鹿角珊瑚 *Acropora formosa*、柱状珊瑚 *Stylophora pistillata*、箭排孔珊瑚 *Seriatopora hystrix*、鹿角杯形珊瑚 *Pocillopora damicornis*、粗糙菊花珊瑚 *Goniastrea aspera*、朴素扁脑珊瑚 *Platygyra rustica*、佳丽鹿角珊瑚 *Acropora pulchra*、多枝蔷薇珊瑚 *Montipora ramosa*、澄黄滨珊瑚 *Porites lutea*
		珊瑚砾堤	无活珊瑚
		濠或沼池	多枝蔷薇珊瑚 *Montipora ramosa*（少量）
西南向	礁平台	濠或礁池	多枝蔷薇珊瑚 *Montipora ramosa*（少量）
		珊瑚砾堤	无活珊瑚
		菊花珊瑚带	粗糙菊花珊瑚 *Goniastrea aspera*、融板滨珊瑚 *Porites matthaii*、栅列鹿角珊瑚 *Acropora palifera*、苍珊瑚 *Heliopora coerulea*、箭排孔珊瑚 *Seriatopora hystrix*、刺石芝珊瑚 *Fungia echinata*
		破浪带	无活珊瑚
	向海斜坡	溶沟和斜背坡，鹿角珊瑚带	粗野鹿角珊瑚 *Acropora humilis*、短枝杯形珊瑚 *Pocillopora danae*、疣状杯形珊瑚 *Pocillopora verrucosa*、扁叶多孔螅 *Millepora platyphylla*

资料来源：邹仁林（1978）

东北向礁平台鹿角珊瑚带：从岛屿岸边向海，有深浅不等，宽度也不一的礁池，底部都是珊瑚碎屑，偶尔能见到极少量的多枝蔷薇珊瑚 *Montipora ramosa*。礁池外侧往往有退潮时能露出来的珊瑚砾堤。随水深增加，黄色、粗大、分枝的美丽鹿角珊瑚 *Acropora formosa* 的覆盖率高达 45%，非常繁茂，尚有其他种珊瑚也是优势种，覆盖率都不低于 1%（表 2-17）。在西沙群岛的东岛，该带极丰富的灰蓝色或蓝色的苍珊瑚 *Heliopora coerulea* 代替美丽鹿角珊瑚而成为优势种，海藻也特别多，包括含钙的大叶仙掌藻 *Halimeda macroloba*、仙掌藻 *Halimeda opuntia*、澳洲团扇藻 *Padina australis* 及麒麟菜等，还有危害石珊瑚的长棘海星 *Acanthaster planci* 等。

表2-17 西沙群岛东北向与西南向礁平台珊瑚优势种和覆盖率的差异　　（单位：%）

东北向珊瑚优势种	覆盖率	西南向珊瑚优势种	覆盖率
美丽鹿角珊瑚 Acropora formosa	45	粗糙菊花珊瑚 Goniastrea aspera	12
柱状珊瑚 Stylophora pistillata	2	西沙珊瑚 Coeloseris mayeri	3
角排孔珊瑚 Seriatopora angulata	4	融板滨珊瑚 Porites matthaii	1
鹿角杯形珊瑚 Pocillopora damicornis	1	栅列鹿角珊瑚 Acropora palifera	2
粗糙菊花珊瑚 Goniastrea aspera	1	角排孔珊瑚 Seriatopora angulata	1
朴素扁脑珊瑚 Platygyra rustica	1		

资料来源：邹仁林（1978）

西南向礁平台菊花珊瑚带：西南向礁平台狭窄，在岛屿海滨岩石附近有与东北向相似的礁池，沙底除有少量多枝蔷薇珊瑚外，几乎没有其他珊瑚。晋卿岛有一个形状不规则、水深2m左右的礁池，多枝蔷薇珊瑚密集，覆盖率为30%，还有多种其他珊瑚。而礁平台造礁石珊瑚的总覆盖率仅为19%，以粗糙菊花珊瑚为主，其覆盖率为12%（表2-17），其他珊瑚还有刺石芝珊瑚 Fungia echinata、圆结石芝珊瑚 Fungia danai。西南向礁平台海鸡头和石灰藻的种类及数量都比东北向礁平台多。

环礁潟湖内丘鹿角珊瑚带：西沙群岛的华光礁、羚羊礁、浪花礁和北礁都属于环礁类型，大部分淹没在水下，而环礁的潟湖一般水深为5～20m。从潟湖底部突起的一个个截顶圆锥形的珊瑚丘有丰富的石珊瑚，以美丽鹿角珊瑚为优势种。在枝缝中尚有3种其他鹿角珊瑚、2种石芝珊瑚、2种多孔螅。在截顶圆锥形珊瑚丘的斜坡上，一般水深7～8m处就无活珊瑚。

（二）西沙群岛中建岛与赵述岛珊瑚群落的结构和分布

邹仁林1976年4～5月对西沙群岛西南隅的沙岛——中建岛和位于西沙群岛东北面的绿树成荫的赵述岛，按东北、西南、东南、西北方向设置4个断面，从高潮线开始，每隔50m随机取样，一直延长到向海斜坡，共记录88种珊瑚（邹仁林，1980）。

1. 中建岛

中建岛平坦而略高出海面，一片贝壳沙，没有植被，岛中央偏南的潟湖在西南有通道与外海相连，但在1976年该通道被阻塞，因此其成为封闭型潟湖。

东北向：从高潮线以下40m处，水深约为1m的沙底无活珊瑚，向海是多枝蔷薇珊瑚带，优势种是多枝蔷薇珊瑚 Montipora ramosa。该带离岸700～1300m处有形成不久的外珊瑚砾堤，有团块状的澄黄滨珊瑚 Porites lutea 和朴素扁脑珊瑚 Platygyra rustica。1975年成片的栅列鹿角珊瑚 Acropora palifera 和佳丽鹿角珊瑚 Acropora pulchra 在1976年已绝迹，只在少数洼地或礁池中有少量残生断枝。破浪带没有珊瑚生长，溶沟和向海斜坡生长有舌状杯形珊瑚 Pocillopora ligulata、短枝杯形珊瑚 Pocillopora danae 和相异鹿角珊瑚 Acropora dissimilis。东北向共记录45种珊瑚。

西南向：从高潮线以下70m内为1.4～1.8m水深的沙底，无活珊瑚。礁平台上主要是多枝蔷薇珊瑚占优势。仅破浪带内侧（离岸350～400m处）有疣状杯形珊瑚 *Pocillopora verrucosa* 和少量普哥滨珊瑚 *Porites pukoensis*，而没有多枝蔷薇珊瑚。向海斜坡为鹿角珊瑚带（以相异鹿角珊瑚为主）。

2. 赵述岛

赵述岛高出海面，岛上草海桐、抗风桐形成茂密藻木林，是个较为稳定的"壮年"海岛，共记录72种珊瑚。

东北向：高潮线处有宽约50m的海滩岩，紧接着离岸50～100m处为蔷薇珊瑚-滨珊瑚带，向海到离岸250m处是鹿角珊瑚-滨珊瑚带，破浪带内侧、离岸300～450m处为多枝蔷薇珊瑚带，溶沟向海斜坡处为鹿角珊瑚-滨珊瑚带。东北向共记录31种珊瑚。

西南向：离岸130m都是沙底，只有零星分布的多枝蔷薇珊瑚。离岸150～750m处聚集成斑状分布的礁，底部仍是沙。在集成礁上美丽鹿角珊瑚占优势，该带称为美丽鹿角珊瑚带，有5种滨珊瑚和鹿角珊瑚。溶沟和向海斜坡同样是以美丽鹿角珊瑚为主，还有另外2种鹿角珊瑚，该带也称为鹿角珊瑚带。西南向共记录31种珊瑚。

西北向共记录47种珊瑚，东南向共记录29种珊瑚。

（三）西沙群岛金银岛与东岛礁平台珊瑚群落的结构和分布

庄启谦等（1981）在1975年5～6月及1976年1～4月对西沙群岛金银岛和东岛的珊瑚礁进行了调查，比较了宽广的礁平台（金银岛）和狭窄的礁平台（东岛）在生物分带结构上的差异。

1. 金银岛

金银岛东西向延伸，由珊瑚贝壳沙堆积而成。岛的四周较高，中部低，是干涸的潟湖。东北向的礁平台宽广，平潮时水深0.5～1.5m，上有成片凹凸不平的珊瑚灰岩和活珊瑚丛，极大地减弱了海浪的冲击力，搬运和堆积力量相对减小，珊瑚的种类较多。按东北向和西南向礁平台分述如下。

东北向礁平台：断面上下960m，根据环境和优势种划分为5个带。

（1）澄黄滨珊瑚带：范围广（310m），大部分不露出水面，低潮时水深40～70cm，底质为珊瑚砂，有不太密集的死珊瑚块。优势种为澄黄滨珊瑚（*Porites lutea*）、多枝蔷薇珊瑚 *Montipora ramosa*、角排孔珊瑚 *Seriatopora angulata*。

（2）苍珊瑚带：范围350m，礁平台上出现集成礁，珊瑚礁连绵成片，苍珊瑚形成微型环礁状生境。各个微型环礁周围是各种大小不同的礁沟和礁池，沙质底，退潮时深度大多为50～80cm，有的可达1m。

（3）美丽鹿角珊瑚带：范围100m，优势种为细长、指状分枝的美丽鹿角珊瑚 *Acropora formosa*，还有佳丽鹿角珊瑚 *Acropora pulchra*、栅列鹿角珊瑚 *Acropora palifera* 和粗野鹿角珊瑚 *Acropora humilis*。

（4）碎珊瑚带：距离约 80m，比周围海面高出 20～30m，呈平台状。

（5）珊瑚藻带：风浪比较大，范围 120m，由于受风浪袭击，形成了许多纵向沟状的礁缘沟，夏季低潮时一般露出水面，其外侧为礁缘斜坡。一些喜浪生物在该带生长较好，粉红色的孔石藻发育特别好，大片覆盖在珊瑚礁上，沿着礁缘形成明显的粉红色带，由于藻体生长，层次不断增加，略有隆起，生态学上称它为藻脊。

西南向礁平台：西南向礁平台范围仅 450m，只有东北向的约一半，而且比较平坦，仅在礁缘附近出现一些高低不平的礁沟或礁池，深 30～50cm，在平台上有大小不等的珊瑚砂砾堆积。珊瑚发育不好，种类相对少，分带也不明显，大致分为 4 个带。

（1）珊瑚砂带：从水线往下为一片珊瑚砂，退潮时全部露出水面，范围 150m，比较平坦。

（2）苍珊瑚带：苍珊瑚的碎块较多，有的连接成较大的片，范围 200m。

（3）鹿角珊瑚带：范围 70m，由活的鹿角珊瑚、杯形珊瑚等组成，并且常有一些珊瑚枝和贝壳的堆积，低潮时大部分露出水面。

（4）珊瑚藻带：范围 30m，仅为东北向的 1/4。低潮水线附近，皮壳状的孔石藻占 20%，但发育程度和数量都不及东北向。5 月大潮低潮时礁缘附近有许多礁缘池，池内生物种类多、长势好。

2. 东岛

东岛位于永兴岛东南方向，是西沙群岛的第二大岛，海拔 4～5m，由上升礁及珊瑚贝壳沙堆积而成，四周高，中部低，有茂密的腺果藤 *Pisonia aculeata* 矮林，林间有红脚鲣鸟 *Sula sula* 和褐鲣鸟 *Sula leucogaster*，林下有鸟粪层。按东北向和西南向礁平台分述如下。

东北向礁平台：东岛的礁平台不如金银岛的发达，而且比较平坦，根据珊瑚和海藻的优势种分为 4 个带。

（1）澄黄滨珊瑚带：范围仅 30m，珊瑚砾石下面是珊瑚砂洼地，接着便是较为密集的澄黄滨珊瑚。

（2）苍珊瑚带：苍珊瑚带特别广阔，范围约 350m，占礁平台总面积的 2/3，苍珊瑚十分繁茂且密集，呈簇状，覆盖面积达 96%。礁的周围是 30～50cm 的沙底礁沟。

（3）碎珊瑚带：由死的苍珊瑚礁块堆积而成，范围 50m，退潮后露出水面。

（4）珊瑚藻带：该带和金银岛的基本相似，范围 70m，在礁缘地带有许多礁缘沟，有较多生活于礁缘的笙珊瑚，杯形珊瑚也十分繁茂。在水沟或水池内生长着大量的绿棒花软珊瑚 *Clavularia viridis*。礁缘孔石藻形成藻脊。

西南向礁平台：面积特别小，范围仅 150m 左右。礁平台较平坦，有许多珊瑚礁屑和块堆积。礁缘附近有宽的礁缘沟地带，仅有部分菊花珊瑚和蜂巢珊瑚生长，海藻也很贫乏，因此分带不明显，仅分为 2 个带。

（1）珊瑚砾带：范围 130m，由死珊瑚礁组成，沙质底。主要优势种为球枝藻 *Tolypiocladia glomerulata*、南方团扇藻 *Padina australis* 和白棘三列海胆 *Tripneustes gratilla*。

（2）菊花珊瑚 - 蜂巢珊瑚带：范围仅 20m 左右，有许多宽而深的纵向缘沟。菊花珊瑚、蜂巢珊瑚、杯形珊瑚都有出现，孔石藻稀疏。

八、海南岛与台湾岛的珊瑚礁

（一）海南岛的岸礁和离岸礁

海南岛沿岸珊瑚礁总长 190km。岸礁主要分布在东岸文昌—琼海，南岸陵水—崖州，西北岸临高—儋州，西岸昌江、东方、乐东沿岸的个别岸段，其中东岸冯家湾一带的规模最大，南岸鹿回头—榆林一带发育最好。海南岛共记录造礁石珊瑚 130 多种，常见的有滨珊瑚属 *Porites*、菊花珊瑚属 *Goniastrea*、蜂巢珊瑚属 *Favia*、角蜂巢珊瑚属 *Favites*、扁脑珊瑚属 *Platygyra*、盔形珊瑚属 *Galaxea*、牡丹珊瑚属 *Pavona* 等。藻类有粉枝藻属 *Liagora*、乳节藻属 *Galaxaura*、马尾藻属 *Sargassum* 和仙掌藻属 *Halimeda* 等。珊瑚的种类与西沙群岛的大同小异，而藻类则略有差别。

苏联学者纳乌莫夫和中国科学院动物研究所颜京松等调查了海南岛北部新盈及南部三亚、新村的珊瑚礁区的岸礁及离岸礁（纳乌莫夫等，1960），发现暴露于海岸浪击带和湾内（离岸礁）的珊瑚种类有很大差别。曾昭璇等（1997）考察了海南岛珊瑚礁的地貌，把鹿回头的珊瑚礁分为 6 个带。

（二）台湾岛沿岸和周围小岛的珊瑚礁

台湾岛岸线绵长，东部断层海岸、西部隆起海岸、南部珊瑚礁海岸、北部沉降海岸兼具热带和亚热带气候，黑潮流经东部。

台湾岛南部、东部和北部沿岸多数有珊瑚礁。台湾岛附近绿岛和兰屿 2 个岛屿周围有岸礁，小琉球岛也有岸礁。澎湖列岛由 64 个岛屿和许多岩礁构成，珊瑚礁为典型岸礁，虽无隆起的珊瑚礁，但岩石前端附近皆为珊瑚礁，有些地方自海岸向外延伸十几千米，但不如台湾岛南部的珊瑚礁发达，也没有露出海岸。台湾的彭佳屿、棉花屿及花瓶屿和龟山岛都有珊瑚礁。

第四节　中国珊瑚礁区的生物

一、珊瑚礁区生物的种类

珊瑚礁区的生物种类丰富，估计全球有 32% 以上的海洋生物种栖息于其中（Knowlton et al.，2010；Fisher et al.，2015）。依据五界分类，中国海域已记录原核生物界、原生生物界、真菌界、植物界和动物界等五界海洋生物 28 000 余种（黄宗国和林茂，2012a，2012b），其在珊瑚礁区的分布如下。

（一）原核生物界

中国海域已记录原核生物 9 门 574 种（黄宗国和林茂，2012a，2012b）。珊瑚礁区原核生物研究主要集中在与珊瑚共生的原核生物代谢产物的结构确定和活性。华茂森和曾呈奎于1978～1985 年对西沙群岛珊瑚礁区的蓝藻开展了研究，记录了 61 种，如簇生蓝枝藻 *Hyella caespitosa*、珊瑚颤藻 *Oscillatoria corallinae* 等。

（二）原生生物界

中国海域已记录原生生物 13 门 4894 种（黄宗国和林茂，2012a，2012b），硅藻门 Bacillariophyta、甲藻门 Pyrrophyta、纤毛门 Ciliophora、放射虫门 Radiozoa 和粒网虫门 Granuloreticulosa 是珊瑚礁习见的原生生物。粒网虫门某些种类也是造礁生物。

（三）真菌界

中国海域已记录真菌 371 种（黄宗国和林茂，2012a，2012b）。珊瑚礁区真菌研究主要集中在与珊瑚共生的真菌代谢产物的结构确定和活性。对珊瑚礁真菌的多样性研究有待开展。

（四）植物界

中国海域已记录植物 1496 种（黄宗国和林茂，2012a，2012b）。绿藻门 Chlorophyta、褐藻门 Phaeophyta 和红藻门 Rhodophyta 在珊瑚礁中经常出现。红藻门和绿藻门富含 $CaCO_3$ 的种类是造礁生物，还可在礁缘形成海藻脊。红树植物仅分布在河口内湾低盐的高潮区和中潮区，没有分布在珊瑚礁区，半红树植物、盐沼植物和海草在珊瑚礁区有分布。

（五）动物界

动物界大多数的门类分布于珊瑚礁（Knowlton et al.，2010；Fisher et al.，2015）。中国海域已记录动物 24 门 21 398 种，其中刺胞动物门、扁形动物门、环节动物门、软体动物门、节肢动物门和脊索动物门所记录的物种超过 1000 种（黄宗国和林茂，2012a，2012b），它们在珊瑚礁区的生活习性见表 2-18。

表 2-18　中国海域动物界主要门的种数及其在珊瑚礁区的生活习性

门	中国海域记录种数	生活习性	
刺胞动物门 Cnidaria	1667	营附着和浮游生活	
扁形动物门 Platyhelminthes	1295	营寄生和自由生活	
环节动物门 Annelida	1203	主要营底栖生活，少数营浮游生活	
软体动物门 Mollusca	4589	主要营底栖生活，少数营浮游和游泳生活	
节肢动物门 Arthropoda	6126	主要营底栖和浮游生活，少数营游泳生活	
脊索动物门 Chordata	4471	营游泳和底栖生活	

1. 刺胞动物门

中国海域已记录刺胞动物门 Cnidaria 1667 种（黄宗国和林茂，2012a，2012b；许振祖等，2014a，2014b）。根据传统分类方法，刺胞动物门分为 4 纲：珊瑚虫纲 Anthozoa、钵水母纲 Scyphozoa、方水母纲 Cubozoa、水螅虫纲 Hydrozoa。珊瑚虫纲为营底栖生活的刺胞动物。钵水母纲、方水母纲和水螅虫纲在生活史中的水母型世代为营浮游生活的刺胞动物（某些种类也营底栖生活），在生活史中的水螅型世代为营底栖生活的刺胞动物。分子系统发育研究表明，水母类为刺胞动物门的独立支序（Collins et al.，2006），因此，刺胞动物门分为 2 亚门：珊瑚亚门 Anthozoa 和水母亚门 Medusozoa（Daly et al.，2007）。Ortman 等（2010）依据分子生物学数据提出水母亚门分为 3 纲：钵水母纲、方水母纲和水螅虫纲。Cornelius（1995）将水螅虫纲提升为水螅虫总纲，Bouillon 和 Boero（2000）支持该建议，并根据水螅虫总纲的胚胎、个体发育和形态特征，将水螅虫总纲分为 3 纲：自育水母纲 Automedusae、水螅水母纲 Hydroidomedusae 和多足螅虫纲 Polypodiozoa。

依据《中国海洋物种多样性（上册）》（黄宗国和林茂，2012a）、《中国刺胞动物门水螅虫总纲（上册）》（许振祖等，2014a）、《中国刺胞动物门水螅虫总纲（下册）》（许振祖等，2014b）和 WoRMS（World Register of Marine Species），中国海域珊瑚礁区营底栖生活的刺胞动物（石珊瑚目除外）的种类与分布见表 2-19。

表 2-19 中国海域珊瑚礁区营底栖生活的刺胞动物（石珊瑚目除外）的种类与分布

种类	分布								
	南沙群岛	西沙群岛	东沙群岛	台湾	海南	香港	广西	广东	福建
刺胞动物门 Cnidaria									
水母亚门 Medusozoa									
水螅虫总纲 Hydrozoa									
水螅水母纲 Hydroidomedusae									
丝螅水母目 Filifera									
柱星螅科 Stylasteridae									
无序双孔螅 *Distichopora irregularis*		+							
紫色双孔螅 *Distichopora violacea*	+	+							
扇形柱星螅 *Stylaster flabelliformis*	+								
细巧柱星螅 *Stylaster gracilis*				+					
佳丽柱星螅 *Stylaster pulcher*	+								
真枝螅科 Eudendriidae									
加州真枝螅 *Eudendrium californicum*	+	+	+						

续表

种类	南沙群岛	西沙群岛	东沙群岛	台湾	海南	香港	广西	广东	福建
				分布					
总状真枝螅 *Eudendrium racemosum*	+	+	+						
安汶多丝螅 *Myrionema amboinense*		+							
头螅水母目 Capitata									
多孔螅科 Milleporidae									
分叉多孔螅 *Millepora dichotoma*	+	+							
节块多孔螅 *Millepora exaesa*	+								
窝形多孔螅 *Millepora foveolata*				+					
错综多孔螅 *Millepora intricata*		+		+	+				
阔叶多孔螅 *Millepora latifolia*		+			+				
扁叶多孔螅 *Millepora platyphylla*		+		+	+				
娇嫩多孔螅 *Millepora tenera*		+	+	+					
锥螅水母目 Conica									
美羽螅科 Aglaopheniidae									
柏美羽螅 *Aglaophenia cupressina*	+	+							
小美羽螅 *Aglaophenia parvula*	+	+							
八角美羽螅 *Aglaophenia octodonta*	+								
西伯嘎美羽螅 *Aglaophenia sibogae*	+								
管形美羽螅 *Aglaophenia tubulifera*	+								
佳美羽螅 *Aglaophenia whiteleggei*	+	+	+		+	+	+	+	+
膨大裸果羽螅 *Gymnangium expansum*		+	+		+	+		+	+
细茎裸果羽螅 *Gymnangium gracilicaule*		+	+						+
张口裸果羽螅 *Gymnangium hians*		+					+	+	+
维加裸果羽螅 *Gymnangium vagae*		+			+	+	+		+
短刺荚果羽螅 *Lytocarpia brevirostris*	+								
蝶螅科 Haleciidae									
弯曲蝶螅 *Halecium flexum*		+							
小蝶螅 *Halecium humile*	+								
细枝蝶螅 *Hydrodendron gracilis*		+			+	+	+		

续表

种类	分布								
	南沙群岛	西沙群岛	东沙群岛	台湾	海南	香港	广西	广东	福建
羽螅科 Plumulariidae									
赫氏齿羽螅 *Dentitheca habereri*		+	+		+				
多枝纽羽螅 *Nemertesia ramosa*		+	+						
角多羽螅 *Polyplumaria cornuta*		+	+		+	+	+	+	
桧叶螅科 Sertulariidae									
克莉丝强叶螅 *Dynamena crisioides*		+	+	+	+	+	+	+	+
凯岛小桧叶螅 *Sertularella keiensis*	+	+	+						
膨胀桧叶螅 *Sertularia tumida*	+								
吻螅目 Proboscoida									
钟螅科 Campanulariidae									
欣氏钟螅 *Campanularia hincksii*	+	+	+			+	+	+	
纤细美螅 *Clytia delicatula*	+	+	+		+	+	+		
稀齿美螅 *Clytia raridentata*	+	+	+		+	+	+		
单管美螅 *Clytia ovalis*		+	+		+	+	+	+	+
双叉薮枝螅 *Obelia dichotoma*		+	+	+	+	+	+	+	+
膝状薮枝螅 *Obelia geniculata*			+		+	+	+	+	+
长干薮枝螅 *Obelia longissima*									+
珊瑚亚门 Anthozoa									
珊瑚虫纲 Anthozoa									
群体海葵目 Zoanthidea									
楔群海葵科 Sphenopidae									
杨杰沙群海葵 *Palythoa yongei*		+							
石灰沙群海葵 *Palythoa titanophila*		+							
海燕沙群海葵 *Palythoa nelliae*		+							
新加坡沙群海葵 *Palythoa singaporensis*		+							
平滑沙群海葵 *Palythoa liscia*		+							
西沙沙群海葵 *Palythoa xishaensis*		+							
澳大利亚沙群海葵 *Palythoa australiae*		+							

续表

种类	分布								
	南沙群岛	西沙群岛	东沙群岛	台湾	海南	香港	广西	广东	福建
好望角沙群海葵 *Palythoa capensis*		+							
盘花沙群海葵 *Palythoa anthoplax*		+							
汉登沙群海葵 *Palythoa haddoni*		+							
纳塔尔沙群海葵 *Palythoa natalensis*		+							
斯氏沙群海葵 *Palythoa stephensoni*		+							
中华沙群海葵 *Palythoa sinensis*		+							
群体海葵科 Zoanthidae									
中华花群海葵 *Zoanthus sinensis*		+							
西沙花群海葵 *Zoanthus xishaensis*		+							
洞穴花群海葵 *Zoanthus cavernarum*		+							
越南花群海葵 *Zoanthus vietnamensis*		+							
深蓝花群海葵 *Zoanthus cyanoides*		+							
红绿花群海葵 *Zoanthus erythrochloros*		+							
斑氏花群海葵 *Zoanthus barnardi*		+							
海葵目 Actiniaria									
爱氏海葵科 Edwardsidae									
斯氏爱氏海葵 *Edwardsia stephensoni*	+	+	+			+	+		
黄仙爱氏海葵 *Edwardsia gilbertensis*	+	+	+			+	+		
好望角爱氏海葵 *Edwardsia capensis*	+	+	+			+			
颈领爱氏海葵 *Edwardsia collaris*	+	+				+			
米爱氏海葵 *Milne-Edwardsia*			+			+	+	+	+
链索海葵科 Hormathiidae									
日本近丽海葵 *Paracalliactis japonica*			+			+	+	+	+
蟳形美丽海葵 *Calliactis polypus*		+							
网状美丽海葵 *Calliactis reticulata*		+							
奇异美丽海葵 *Calliactis miriam*		+							
贝壳美丽海葵 *Calliactis conchicola*		+							
玫瑰美丽海葵 *Calliactis rosea*		+							

续表

种类	分布								
	南沙群岛	西沙群岛	东沙群岛	台湾	海南	香港	广西	广东	福建
西沙美丽海葵 *Calliactis xishaensis*		+							
银色美丽海葵 *Calliactis argentacoloratus*		+							
海葵科 Actiniidae									
伸展蟹海葵 *Cancrisocia expansa*			+			+	+	+	
等指海葵 *Actinia equina*						+	+	+	+
黄侧花海葵 *Anthopleura xanthogrammica*				+	+	+	+	+	+
绿侧花海葵 *Anthopleura midori*				+	+	+	+	+	+
叉侧花海葵 *Anthopleura dixoniana*					+				
太平洋侧花海葵 *Anthopleura pacifica*				+	+	+	+	+	+
亚洲侧花海葵 *Anthopleura asiatica*				+	+	+	+	+	+
中华侧花海葵 *Anthopleura chinensis*					+				
不定侧花海葵 *Anthopleura incerta*					+				
莫顿侧花海葵 *Anthopleura mortoni*					+				
放射侧花海葵 *Anthopleura ballii*				+	+	+	+	+	+
斑点侧花海葵 *Anthopleura stella*									+
日本侧花海葵 *Anthopleura japonica*				+	+	+	+	+	+
四色篷锥海葵 *Entacmaea quadricolor*	+								
壮丽双辐海葵 *Heteractis magnifica*	+								
平展列指海葵 *Stichodactyla mertensii*	+								
斯氏似侧花海葵 *Gyractis stimpsoni*					+				
洞球海葵 *Spheractis cheungae*					+				
原共侧花海葵 *Synantheopsis prima*					+				
哈氏裸石海葵 *Gymnophellia hutchingsae*					+				
纵条矶海葵科 Haliplanellidae									
纵条矶海葵 *Haliplanella luciae*			+		+	+	+	+	+
绿海葵科 Sagartiidae									
花梗仙影海葵 *Cereus pedunculatus*		+	+		+	+	+	+	+
中华仙影海葵 *Cereus sinensis*			+		+	+	+	+	+

续表

种类	南沙群岛	西沙群岛	东沙群岛	台湾	海南	香港	广西	广东	福建
汀花海葵科 Ilyanthidae									
米卡汀花海葵 *Ilyanthus mitchellii*		+							
大海葵科 Stoichactidae									
短手大海葵 *Stoichactis kenti*		+	+		+	+			
汉氏大海葵 *Stoichactis haddoni*		+							
亨普异海葵 *Heterodactyla hemprichii*		+							
向定隐丛海葵 *Cryptodendrum adhaesivum*		+							
多枝泡指海葵 *Physobrachia ramsayi*		+							
羽状葵树海葵 *Actinodendron plumosum*		+							
卡克辐花海葵 *Radianthus kuekenthali*		+							
巨型辐花海葵 *Radianthus macrodactylus*		+							
黑珊瑚目 Antipatharia									
裂黑珊瑚科 Schizopathidae									
纤细深海黑珊瑚 *Bathypathes tenuis*	+								
黑珊瑚科 Antipathidae									
腰鞭黑珊瑚 *Cirripathes rumphii*		+			+				
蛇鞭黑珊瑚 *Cirripathes anguina*					+				
海南鞭黑珊瑚 *Cirripathes hainanensis*					+				
鞭黑珊瑚 *Cirripathes probabty*					+				
中华鞭黑珊瑚 *Cirripathes sinensis*					+				
螺旋鞭黑珊瑚 *Cirripathes spiralis*		+							
深海纵列黑珊瑚 *Stichopathes abyssicola*	+								
少刺纵列黑珊瑚 *Stichopathes bournei*	+								
斯里兰卡纵列黑珊瑚 *Stichopathes ceylonensis*	+								
扭曲纵列黑珊瑚 *Stichopathes contorta*	+								
鞭纵列黑珊瑚 *Stichopathes flagellum*	+	+							
细刺纵列黑珊瑚 *Stichopathes gracilis*	+	+							
马尔代夫纵列黑珊瑚 *Stichopathes maldivensis*	+								

续表

种类	分布								
	南沙群岛	西沙群岛	东沙群岛	台湾	海南	香港	广西	广东	福建
乳头纵列黑珊瑚 *Stichopathes papillosa*	+								
囊状纵列黑珊瑚 *Stichopathes saccula*	+								
规则纵列黑珊瑚 *Stichopathes regularis*	+								
半光滑纵列黑珊瑚 *Stichopathes simiglabra*	+								
多变纵列黑珊瑚 *Stichopathes variabilis*	+								
斯里兰卡黑珊瑚 *Antipathes ceylonensis*					+				
普通黑珊瑚 *Antipathes chota*	+								
拱脆黑珊瑚 *Antipathes crispa*	+								
二叉黑珊瑚 *Antipathes dichotoma*	+				+			+	
细枝扇状黑珊瑚 *Antipathes dubsa*									+
扇形黑珊瑚 *Antipathes flabellum*								+	
大黑珊瑚 *Antipathes grandis*									+
日本黑珊瑚 *Antipathes japonica*				+	+				
柔和黑珊瑚 *Antipathes lenta*	+								
多叶黑珊瑚 *Antipathes myriephyllis*	+								
枝条黑珊瑚 *Antipathes viminalis*								+	
多小枝黑珊瑚 *Antipathes virgata*	+								
墨黑珊瑚属 Myriopathes									
日本墨黑珊瑚 *Myriopathes japonica*				+	+				
多叶墨黑珊瑚 *Myriopathes myriophylla*	+								
柱黑珊瑚科 Stylopathidae									
卷曲疣黑珊瑚 *Tylopathes crispa*	+								
根枝珊瑚亚目 Stolonifera									
笙珊瑚科 Tubiporidae									
笙珊瑚 *Tubipora musica*	+	+	+	+	+				
堇紫粗棒花软珊瑚 *Pachyclavularia violacea*					+				
苍珊瑚目 Helioporacea									
苍珊瑚科 Helioporidae									

续表

种类	南沙群岛	西沙群岛	东沙群岛	分布					
				台湾	海南	香港	广西	广东	福建
苍珊瑚（蓝珊瑚）*Heliopora coerulea*	+								
软珊瑚目 Alcyonacea									
软柳珊瑚科 Subergorgiidae									
红枝软柳珊瑚 *Subergorgia köllikeri*					+	+	+		
网扇软柳珊瑚 *Subergorgia mollis*				+					
粉灰软柳珊瑚 *Subergorgia ornate*					+				
网状软柳珊瑚 *Subergorgia reticulata*					+	+	+	+	
红扇软柳珊瑚 *Subergorgia rubra*						+	+	+	
侧扁软柳珊瑚 *Subergorgia suberosa*					+			+	
强壮柳珊瑚科 Briareidae									
马岛强壮柳珊瑚 *Briareum marquesarum*				+					
等柳珊瑚科 Paricididae									
等柳珊瑚 *Paricis fruticosa*							+	+	
扇柳珊瑚科 Melithaeidae									
美丽柏柳珊瑚 *Acabaria formosa*					+				
海底柏柳珊瑚 *Melithaea ocracea*	+				+				
鳞扇柳珊瑚 *Melithaea squarmata*					+				
红扇柳珊瑚 *Melithaea ochracea*				+					
橙黄叠叶柳珊瑚 *Mopsella aurantia*				+					
红叠叶柳珊瑚 *Mopsella rubeola*					+				
棘柳珊瑚科 Acanthogorgiidae									
全裸柳珊瑚 *Acalycigorgia inermis*				+		+			+
粗疣棘柳珊瑚 *Acanthogorgia vegae*									+
块花柳珊瑚 *Anthogorgia bocki*					+				
叉花柳珊瑚 *Anthogorgia divericata*					+				
类尖柳珊瑚科 Paramuricedae									
猩红刺柳珊瑚 *Echinogorgia coccinea*					+			+	
花刺柳珊瑚 *Echinogorgia flora*				+	+	+		+	+

续表

种类	分布								
	南沙群岛	西沙群岛	东沙群岛	台湾	海南	香港	广西	广东	福建
拉氏刺柳珊瑚 *Echinogorgia lami*						+		+	+
疏枝刺柳珊瑚 *Echinogorgia pseudosassapo*						+		+	+
枝网刺柳珊瑚 *Echinogorgia sassapo reticulta*					+	+		+	+
紫小尖柳珊瑚 *Muricella grandis*				+					
丛柳珊瑚科 Plexauridae									
橙钝角珊瑚 *Berbyce indica*				+					
弯真丛柳珊瑚 *Euplexaura curvata*						+		+	
直立真丛柳珊瑚 *Euplexaura erecta*						+		+	
强壮真丛柳珊瑚 *Euplexaura robusta*						+			
柳珊瑚科 Gorgoniidae									
灌丛柳珊瑚 *Rumphella antipathes*				+					
鞭柳珊瑚科 Ellisellidae									
栉柳珊瑚 *Ctenocella pectinata*					+			+	
斑鞭柳珊瑚 *Ellisella maculata*				+					
强韧鞭珊瑚 *Ellisella robusta*	+			+					
脆灯芯柳珊瑚 *Junceella fragilis*					+			+	
芽灯芯柳珊瑚 *Junceella gemmacea*								+	
灯芯柳珊瑚 *Junceella juncea*					+				
总状灯芯柳珊瑚 *Junceella racemosa*					+			+	
鳞灯芯柳珊瑚 *Junceella squamata*				+	+			+	
黄如灯芯柳珊瑚 *Scirpearia erythraea*					+	+			
网伞疣珊瑚 *Verrucella umbraculum*				+					
竹节柳珊瑚科 Isididae									
粗糙竹节柳珊瑚 *Isis hippuris*				+					
细枝竹节柳珊瑚 *Isis minorbrachyblasta*	+								
网枝竹节柳珊瑚 *Isis reticulata*		+							
软珊瑚科 Alcyoniidae									
细薄软珊瑚 *Alcyonium gracillimum*	+								

续表

种类	南沙群岛	西沙群岛	东沙群岛	分布					
				台湾	海南	香港	广西	广东	福建
柔绵软珊瑚 *Alcyonium molle*				+					
厚实软珊瑚 *Alcyonium rotundum*				+					
简易软珊瑚 *Alcyonium simplex*				+					
毛指软珊瑚 *Sinularia capillosa*					+				
联指软珊瑚 *Sinularia compacta*				+					
简易指软珊瑚 *Sinularia facile*				+					
扁指软珊瑚 *Sinularia compressa*		+							
曲指软珊瑚 *Sinularia flexibilis*				+					
肥指软珊瑚 *Sinularia corpulenta*					+				
颗粒指软珊瑚 *Sinularia granosa*					+				
巨指软珊瑚 *Sinularia grandilobata*				+					
混淆指软珊瑚 *Sinularia inexplicita*	+	+							
畸形指软珊瑚 *Sinularia monstrosa*					+				
乳头指软珊瑚 *Sinularia papilosa*					+				
小棒指软珊瑚 *Sinularia microclavata*					+				
矮小指软珊瑚 *Sinularia nanolobata*	+								
分枝指软珊瑚 *Sinularia partia*					+				
多型指软珊瑚 *Sinularia polydactyla*					+				
密指软珊瑚 *Sinularia densa*				+					
细指软珊瑚 *Sinularia exillis*				+					
凸指软珊瑚 *Sinularia gibberosa*				+					
哈氏指软珊瑚 *Sinularia halversoni*				+					
丛指软珊瑚 *Sinularia lochmodes*				+					
梅氏指软珊瑚 *Sinularia mayi*				+					
肉质指软珊瑚 *Sinularia mollis*				+					
缘叶指软珊瑚 *Sinularia muralis*				+					
聚指软珊瑚 *Sinularia numerosa*				+					
冠指软珊瑚 *Sinularia pavida*				+					

续表

种类	分布								
	南沙群岛	西沙群岛	东沙群岛	台湾	海南	香港	广西	广东	福建
鳞指软珊瑚 *Sinularia scabra*				+					
普氏指软珊瑚 *Sinularia prattae*	+								
多枝指软珊瑚 *Sinularia ramulosa*					+				
任氏指软珊瑚 *Sinularia renei*					+				
纤指软珊瑚 *Sinularia fibrillosa*					+				
柔指软珊瑚 *Sinularia tenella*					+				
栎叶指软珊瑚 *Sinularia querciformis*	+								
辐叶软珊瑚 *Lobophytum altum*			+	+					
角叶软珊瑚 *Lobophytum angulatum*		+							
畸叶软珊瑚 *Lobophytum anomalum*		+							
喀里叶软珊瑚 *Lobophytum caledonense*	+								
冠针叶软珊瑚 *Lobophytum caputospiculatum*		+							
戚氏叶软珊瑚 *Lobophytum chevalieri*		+							
紧密叶软珊瑚 *Lobophytum compactum*		+							
厚指叶软珊瑚 *Lobophytum crassodigitum*		+							
厚针叶软珊瑚 *Lobophytum crassospiculatum*		+							
鸡冠叶软珊瑚 *Lobophytum cristagalli*	+								
扁指叶软珊瑚 *Lobophytum delectum*		+							
加氏叶软珊瑚 *Lobophytum gazellae*		+							
粗糙叶软珊瑚 *Lobophytum hirsutum*	+	+							
特异叶软珊瑚 *Lobophytum irregulare*		+							
长针叶软珊瑚 *Lobophytum longispiculatum*		+							
奇异叶软珊瑚 *Lobophytum mirabile*					+				
微针叶软珊瑚 *Lobophytum microspiculatum*	+								
椭圆叶软珊瑚 *Lobophytum oblongum*		+							
寡疣叶软珊瑚 *Lobophytum oligoverrucum*		+							
疏指叶软珊瑚 *Lobophytum pauciflorum*		+							
美丽叶软珊瑚 *Lobophytum pulchellum*		+							

续表

种类	分布								
	南沙群岛	西沙群岛	东沙群岛	台湾	海南	香港	广西	广东	福建
矮脚叶软珊瑚 *Lobophytum pygmapedium*		+							
伦氏叶软珊瑚 *Lobophytum ransoni*		+							
沙氏叶软珊瑚 *Lobophytum salvati*		+							
科氏叶软珊瑚 *Lobophytum schoedei*		+							
实叶软珊瑚 *Lobophytum solidum*				+					
尖指叶软珊瑚 *Lobophytum spicodigitum*		+							
密叶软珊瑚 *Lobophytum spissum*		+							
窄叶软珊瑚 *Lobophytum strictum*		+							
多疣叶软珊瑚 *Lobophytum verrucosum*		+							
拟肉芝叶软珊瑚 *Lobophytum sarcophytoides*				+					
锐角肉芝软珊瑚 *Sarcophyton acutangulum*		+							
菌状肉芝软珊瑚 *Sarcophyton boletiforme*	+								
角棘肉芝软珊瑚 *Sarcophyton cornispiculatum*				+					
厚柄肉芝软珊瑚 *Sarcophyton crassocaule*	+	+							
埃氏肉芝软珊瑚 *Sarcophyton ehrenbergi*				+					
华丽肉芝软珊瑚 *Sarcophyton elegans*		+							
分叉肉芝软珊瑚 *Sarcophyton furcatum*		+							
乳白肉芝软珊瑚 *Sarcophyton glaucum*					+				
漏斗肉芝软珊瑚 *Sarcophyton infundibuliforme*		+							
皱褶肉芝软珊瑚 *Sarcophyton latum*		+							
莫氏肉芝软珊瑚 *Sarcophyton moseri*				+					
柔肉芝软珊瑚 *Sarcophyton molle*	+								
星形肉芝软珊瑚 *Sarcophyton stellatum*				+					
轮盘肉芝软珊瑚 *Sarcophyton trocheliophorum*	+	+		+					
胡氏小枝软珊瑚 *Cladiella humesi*	+						+	+	
克氏小枝软珊瑚 *Cladiella krempfi*					+				
马岛小枝软珊瑚 *Cladiella madagascarensis*							+	+	
细微小枝软珊瑚 *Cladiella subtilis*	+						+	+	

种类	分布								
	南沙群岛	西沙群岛	东沙群岛	台湾	海南	香港	广西	广东	福建
粗壮小枝软珊瑚 *Cladiella pachyclados*				+					
圆柄小枝软珊瑚 *Cladiella sphaerophora*				+					
棘软珊瑚科（穗珊瑚科）Nephtheidae									
复瓦菜花软珊瑚 *Capnella imbricata*	+								
菲律宾菜花软珊瑚 *Capnella philippinensis*	+								
东方有色柔荑软珊瑚 *Chromonephthea eos*				+					
台湾有色柔荑软珊瑚 *Chromonephthea formosana*				+					
叶状有色柔荑软珊瑚 *Chromonephthea lobulifera*						+			
台湾锦花软珊瑚 *Litophyton formosanum*				+					
博氏鳞花软珊瑚 *Lemnalia bournei*	+								
细长编笠软珊瑚 *Morchellana elongata*	+								
多佛编笠软珊瑚 *Morchellana dollfusi*	+								
美丽编笠软珊瑚 *Morchellana pulchella*	+								
金黄编笠软珊瑚 *Morchellana boletiformis*					+	+		+	+
黎明编笠软珊瑚 *Morchellana aurora*					+	+		+	+
树叶编笠软珊瑚 *Morchellana dendrophyta*	+	+	+	+					
盘形编笠软珊瑚 *Morchellana disciformis*	+	+	+	+					
扇形编笠软珊瑚 *Morchellana flabellifera*	+	+	+	+					
多花编笠软珊瑚 *Morchellana florida*						+			
晶莹编笠软珊瑚 *Morchellana hyalina*	+	+	+	+					
花样编笠软珊瑚 *Morchellana investigata*						+			
黑色编笠软珊瑚 *Morchellana nigrescens*	+	+	+	+					
蔷薇编笠软珊瑚 *Morchellana rosamonda*	+	+	+	+					
中国编笠软珊瑚 *Morchellana sinensis*	+	+	+	+					
细刺编笠软珊瑚 *Morchellana spinulosa*						+			
红色编笠软珊瑚 *Morchellana rubra*									+

续表

种类	分布								
	南沙群岛	西沙群岛	东沙群岛	台湾	海南	香港	广西	广东	福建
直立柔荑软珊瑚 *Nephthea erecta*	+								
橘色柔荑软珊瑚 *Nephthea aurantiaca*	+	+	+		+				
甘蓝柔荑软珊瑚 *Nephthea brassica*		+							
拟态柔荑软珊瑚 *Nephthea simulata*		+							
粒状柔荑软珊瑚 *Nephthea capnelliformis*		+							
白穗柔荑软珊瑚 *Nephthea chabroli*				+					
丘疹硬棘软珊瑚 *Scleronephthya pustulosa*					+				
伞房硬棘软珊瑚 *Scleronephthya corymbosa*					+				
哈氏多棘软珊瑚 *Spongodes hadzii*					+				
斯氏多棘软珊瑚 *Spongodes studeri*					+				
银色多棘软珊瑚 *Spongodes argentea*					+				
欣氏多棘软珊瑚 *Spongodes hicksoni*	+	+	+		+				
孔氏多棘软珊瑚 *Spongodes klunzingeri*				+					
密针多棘软珊瑚 *Spongodes spinifera*					+				
顾氏多棘软珊瑚 *Spongodes guggenheimi*									+
棘穗软珊瑚 *Dendronephthya cervicornis*					+			+	
大穗软珊瑚 *Dendronephthya gigantea*					+				
武装散枝软珊瑚 *Roxasia armata*		+	+	+	+				
深绿散枝软珊瑚 *Roxasia caerulea*		+	+	+	+				
亮丽散枝软珊瑚 *Roxasia candida*		+	+	+	+				
鹿角散枝软珊瑚 *Roxasia cervicornis*	+				+				
娇柔散枝软珊瑚 *Roxasia delicatissima*					+				
象牙散枝软珊瑚 *Roxasia eburnea*		+	+	+	+				
刺猬散枝软珊瑚 *Roxasia erinacea*				+					
线粒散枝软珊瑚 *Roxasia filigrana*				+					
错综散枝软珊瑚 *Roxasia involuta*		+	+		+				
日本散枝软珊瑚 *Roxasia japonica*		+	+		+				
克氏散枝软珊瑚 *Roxasia klunzingeri*				+					

续表

种类	分布								
	南沙群岛	西沙群岛	东沙群岛	台湾	海南	香港	广西	广东	福建
微针散枝软珊瑚 *Roxasia microspiculata*						+			
五角散枝软珊瑚 *Roxasia pentagona*		+	+			+			
普氏散枝软珊瑚 *Roxasia pütteri*		+	+			+			
僵硬散枝软珊瑚 *Roxasia rigida*		+	+			+			
象牙拟鳞花软珊瑚 *Paralemnalia eburnean*	+								
茎拟鳞花软珊瑚 *Paralemnalia thyrsoides*	+				+				
小型硬荑软珊瑚 *Stereonephthya pumilia*					+		+	+	+
无序硬荑软珊瑚 *Stereonephthya inordinata*	+								
红花硬荑软珊瑚 *Stereonephthya rubiflora*	+								
美丽伞花软珊瑚 *Umbellulifera formosa*								+	
欧氏伞花软珊瑚 *Umbellulifera oreni*	+								
条纹伞花软珊瑚 *Umbellulifera striata*	+								
格氏伞花软珊瑚 *Umbellulifera graeffei*		+			+				
巢软珊瑚科 Nidaliidae									
筒管软珊瑚 *Siphonogorgia cylindrata*	+								
细管软珊瑚 *Siphonogorgia gracilis*	+								
可变管软珊瑚 *Siphonogorgia variabilis*	+								
灿烂管软珊瑚 *Siphonogorgia splendens*	+	+	+						
拟软珊瑚科 Paralcyoniidae									
刺柱软珊瑚 *Studeriotes spinosa*	+								
残柱软珊瑚 *Studeriotes debilis*	+								
长枝柱软珊瑚 *Studeriotes longiramosa*	+	+	+						
桑氏柱软珊瑚 *Studeriotes semperi*				+					
星刺软珊瑚科 Asterospiculariidae									
月星刺软珊瑚 *Asterospicularia laurae*				+					
异花软珊瑚科 Xeniidae									
叶异花软珊瑚 *Xenia blumi*				+					
分离异花软珊瑚 *Xenia crassa*				+					

续表

种类	分布								
	南沙群岛	西沙群岛	东沙群岛	台湾	海南	香港	广西	广东	福建
长异花软珊瑚 *Xenia elongata*	+								
穗状异花软珊瑚 *Xenia spicata*	+								
伞形异花软珊瑚 *Xenia umbellata*				+					
台湾羽花软珊瑚 *Anthelia formosana*				+					
葡茎密簇软珊瑚 *Cespitularia stolonifera*				+					
泰尼叶羽软珊瑚 *Cespitularia taeniata*				+					
伊氏双异花软珊瑚 *Heteroxenia elisabethae*				+					

"+"表示有分布

2. 环节动物门

中国海域已记录环节动物门 Annelida 1203 种，分为多毛纲、寡毛纲和蛭纲。多毛纲已记录 1105 种，在珊瑚礁区很常见。营固着生活的种以石灰质管或泥管附着在珊瑚及其死体表面，大量游走生活种则生活在珊瑚的缝隙间或珊瑚砂中。

3. 软体动物门

中国海域已记录软体动物门 Mollusca 7 纲 4589 种，软体动物是礁区生物的主要类别（表 2-20）。腹足纲 Gastropoda 和双壳纲 Bivalvia 的某些种是造礁生物（Knowlton et al.，2010；Fisher et al.，2015），是礁体的重要组分。

表 2-20　中国海域软体动物门的种数及其在珊瑚礁区的生活习性

纲	中国海域记录种数	生活习性
毛皮贝纲 Chaetodermomorpha	1	罕见
新月贝纲 Neomeniomorpha	1	罕见
多板纲 Polyplacophora	57	营附着生活，珊瑚礁区常见
掘足纲 Scaphopoda	58	埋栖于软相海底，珊瑚砂底习见
腹足纲 Gastropoda	3127	多数营底栖爬行生活，珊瑚礁区习见
双壳纲 Bivalvia	1210	多数营底栖生活，用足丝、贝壳附着或埋栖，珊瑚礁区习见
头足纲 Cephalopoda	135	主要营游泳生活，也有底栖种，可见于珊瑚礁区

4. 节肢动物门

中国海域已记录节肢动物门 Arthropoda 6126 种，节肢动物门是动物界海洋物种最多的门，分为 5 纲。甲壳纲多达 5645 种，其可分为鳃足亚纲、介形亚纲、桡足亚纲、蔓足亚纲和软甲亚纲（黄宗国和林茂，2012a，2012b），其中软甲亚纲的种数最多。节肢动物是珊瑚礁习见的物种，生活习性多样（表 2-21）。

表 2-21 中国海域节肢动物门的种数及其在珊瑚礁区的生活习性

纲	中国海域记录种数	生活习性
肢口纲 Merostomata	4	营软底底栖生活
海蜘蛛纲 Pycnogonida	22	营攀爬生活
蛛形纲 Arachnida	59	营软底底栖生活
昆虫纲 Insecta	396	营陆上生活
甲壳纲 Crustacea	5645	种类多，生活习性多样
鳃足亚纲 Branchiopoda	35	营浮游生活
介形亚纲 Ostracoda	769	营浮游和底栖生活
桡足亚纲 Copepoda	1174	多数营浮游生活，也有底栖种和寄生种
蔓足亚纲 Cirripedia	250	营固着生活
软甲亚纲 Malacostraca	3417	种类多，习性多样

5. 脊索动物门

中国海域已记录脊索动物门 Chordata 4471 种，种数居动物界各门第三位，脊索动物门分为尾索动物、头索动物和脊椎动物 3 亚门。脊椎动物亚门中鱼类种类最丰富。文献资料表明，1994 年南沙群岛珊瑚礁鱼类有 244 种（陈清潮和蔡永贞，1994）；2009 年南海珊瑚礁区鱼类有 981 种，其中中沙群岛和西沙群岛记录的鱼类有 620 种，东沙群岛记录的鱼类有 541 种，南沙群岛记录的鱼类有 548 种（史赟龙，2009）；2011 年台湾垦丁记录的鱼类有 1382 种（陈正平等，2010，2011）；2011 年东沙群岛记录的鱼类有 650 种（邵广昭等，2011）。

中国各鱼类志和专著及论文采用的鱼类分类系统尚不一致。伍汉霖等（2012）依据鱼类标本，建议软骨鱼纲采用朱元鼎和孟庆文分类系统、辐鳍鱼纲采用 Nelson J S 分类系统，并对以往各鱼类志及专著收集和整理，在建议的中国海洋鱼类分类系统中，软骨鱼纲有 13 目 240 种，辐鳍鱼纲有 30 目 3435 种。《拉汉世界鱼类系统名典》为我们列出了可以引证的鱼类中文名（伍汉霖等，2017）。中国海域珊瑚礁区已记录的鱼类有效种有望在建议的分类系统上进行梳理和汇总，可认为中国海域已记录的鱼类物种有四分之一以上分布于中国珊瑚礁区。

二、珊瑚礁区生物的栖息习性

生活于珊瑚礁区的生物，依据栖息习性，可分为如下类群。

1. 栖息于礁体的生物类群

（1）共生或寄生：以虫黄藻为代表,共生于珊瑚虫的内胚层,也被发现与放射虫（radiolarian）、有孔虫（foraminifer）、水螅水母类、钵水母类、双壳类（bivalves）和腹足类（gastropods）等共生。

（2）埋栖：以塔藤壶科 Pyrgomatidae 为代表,这些种的幼虫附着在石珊瑚上,变态后即为珊瑚虫体所包埋,仅留壳口和蔓足与外界相通（黄宗国等,1999；Chan et al.,2013）。

（3）穴居：以双壳类软体动物石蛏属 Lithophaga 和珊瑚绒贻贝 Gregariella coralliophaga、海笋科 Pholadidae 为代表,在活珊瑚或死珊瑚上钻孔穴居。

（4）缝栖：以双壳纲钳蛤科 Isognomonidae 为代表,常见于珊瑚礁的缝隙间。

（5）固着或附着：大型海藻、海绵、刺胞动物水螅和海葵、苔藓虫、内肛动物和海鞘等,以及管栖多毛类,软体动物石鳖、牡蛎、海菊蛤、贻贝类、猿头蛤、真珍贝类,甲壳动物的蔓足类和棘皮动物的节羽枝、海百合等,它们在珊瑚礁特别是死珊瑚表面固着或附着。

（6）自由生活：主要有螺类、端足类、等足类、虾和蟹及棘皮动物和游走多毛类,这些种许多是肉食性,在礁体表面营自由生活。

2. 栖息于礁体外的生物类群

（1）礁区珊瑚砂的物种：主要代表有生长于露出海面的珊瑚砂区的维管植物,如西沙群岛永兴岛上的厚藤 Ipomoea pes-caprae、草海桐 Scaevola sericea；生长于半露出的海面或潮下带的海草和海藻,如东海环礁区潟湖砂区的圆叶丝粉草 Cymodocea rotundata、齿叶丝粉草 Cymodocea serrulata、单脉二药草 Halodule uninervis、针叶草 Syringodium isoetifolium、泰来草 Thalassia hemprichii。在珊瑚砂底,尚有多毛类和双壳类软体动物、端足类甲壳动物及虾、蟹等。

（2）礁区上方的游泳生物：最主要的是鱼类,生活于珊瑚礁上方水体,如蝴蝶鱼科的多数种和隆头鱼科的许多种,有些种是路过珊瑚礁上方水体,如某些大洋性鱼类鲭、旗鱼。

（3）与非造礁生物共生的物种或寄生物种：珊瑚礁区的许多非造礁物种也有各自的共生或寄生物种,如珊瑚礁区埋栖于海绵中的古藤壶科 Archaeobalanidae 绵藤壶属 Acasta、膜藤壶属 Membranobalanus,寄生于礁区的翼海鳃属 Pteroeides、岩瓷蟹属 Petrolisthes、新岩瓷蟹属 Neopetrolisthes、厚螯瓷蟹属 Pachycheles、小瓷蟹属 Porcellanella,固着在礁区柳珊瑚上的几种舟藤壶 Conopea spp.,以及固着在礁区海胆壳上的海胆坚藤壶 Solidobalanus cidaricola 等。

第五节　中国的珊瑚礁保护区

中国目前已建 13 个珊瑚礁或与珊瑚礁有关的自然保护区,包括 3 个国家级、6 个省级、1 个特别行政区级、2 个市级及 1 个县级（表2-22）。从福建东山县至广东和香港沿岸,以及海南岛、东沙群岛、西沙群岛和台湾岛等都有珊瑚礁保护区,保护对象包括：珊瑚礁生态系统,珊瑚礁、热带雨林及野生动物,珍稀海产品及珊瑚礁生态系统,海龟、玳瑁、虎斑贝及珊瑚礁。这些保护区分别由国务院下属的自然资源部、生态环境部等部门分管（Morton,1992；樊同云,2007；

环境保护部自然生态保护司，2011）。

表 2-22　中国珊瑚礁自然保护区

名称	位置	名称	位置
福建东山珊瑚礁	福建东山县	文昌麒麟菜	海南文昌市
广东庙湾珊瑚	广东珠海市	临高白蝶贝	海南临高县
广东徐闻珊瑚礁	广东徐闻县	西沙、中沙群岛	南海中、南部
广东乌石灯图角珊瑚	广东雷州市	东沙岛环礁	南海北部
海南三亚珊瑚礁	海南三亚市	垦丁公园海域	台湾屏东县
儋州磷枪石岛珊瑚礁	海南儋州市	香港海下湾珊瑚礁	大鹏湾西侧
海南铜鼓岭	海南文昌市		

参考文献

陈清潮, 蔡永贞. 1994. 珊瑚礁鱼类: 南沙群岛及热带观赏鱼. 北京: 科学出版社: 146.

陈正平, 邵广昭, 詹荣桂, 等. 2010. 垦丁公园海域鱼类图鉴: 650.

陈正平, 詹荣桂, 黄建华, 等. 2011. 东沙鱼类生态图鉴: 360.

戴昌凤. 1989. 台湾的珊瑚: 194.

戴昌凤, 王士伟, 张睿升, 等. 2009. 桃园观音藻礁生态解说手册: 102.

第二届动物学名词审定委员会. 2021. 动物学名词. 2 版. 北京: 科学出版社.

董志军, 黄晖, 黄良民, 等. 2008a. 虫黄藻的分类和遗传多样性研究进展. 海洋通报, 27(3): 95-101.

董志军, 黄晖, 黄良民, 等. 2008b. 福建东山岛附近海域造礁石珊瑚共生藻的分子系统分类和遗传多样性研究. 台湾海峡, 27(2): 135-140.

董志军, 黄晖, 黄良民, 等. 2008c. 运用 PCR-RFLP 方法研究三亚鹿回头岸礁造礁石珊瑚共生藻的组成. 生物多样性, 16(5): 498-502.

樊同云. 2007. 珊瑚礁的生物多样性与生态保育 // 陈丽淑. 海洋生物多样性专刊. 台北: 海洋生物科技博物馆筹备处: 103.

范航清, 石雅君, 邱广龙. 2009. 中国海草植物. 北京: 海洋出版社: 98.

戈峰. 2008. 现代生态学. 2 版. 北京: 科学出版社: 643.

华茂森. 1978. 西沙群岛海产蓝藻类的研究Ⅰ. 海洋科学集刊, 12: 59-68.

华茂森. 1980. 西沙群岛海产蓝藻类的研究Ⅱ. 海洋科学集刊, 20: 55-68.

华茂森, 曾呈奎. 1985a. 西沙群岛海产蓝藻类的研究Ⅲ. 海洋科学集刊, 24: 1-10.

华茂森, 曾呈奎. 1985b. 西沙群岛海产蓝藻类的研究Ⅳ. 海洋科学集刊, 24: 11-26.

华茂森, 曾呈奎. 1985c. 西沙群岛海产蓝藻类的研究Ⅴ. 海洋科学集刊, 24: 27-38.

环境保护部自然生态保护司. 2011. 全国自然保护区名录(2011). 北京: 中国环境科学出版社: 136.

黄晖, 练健生, 李振兴, 等. 2009. 福建东山珊瑚自然保护区及其生物多样性. 北京: 海洋出版社: 101.

黄晖, 练健生, 王华接, 等. 2007. 徐闻珊瑚礁及其生物多样性. 北京: 海洋出版社: 132.

黄晖, 杨剑辉, 董志军. 2013. 南沙群岛渚碧礁珊瑚礁生物图册. 北京: 海洋出版社: 98.

黄晖, 张成龙, 杨剑辉, 等. 2012. 南沙群岛渚碧礁海域造礁石珊瑚群落特征. 台湾海峡, 31(1): 79-84.

黄林韬, 黄晖, 江雷. 2020. 中国造礁石珊瑚分类厘定. 生物多样性, 28(4): 515-523.

黄宗国, 林茂. 2012a. 中国海洋物种多样性: 上册. 北京: 海洋出版社.

黄宗国, 林茂. 2012b. 中国海洋物种多样性: 下册. 北京: 海洋出版社.

黄宗国, 郑成兴, 李传燕, 等. 1999. 福建东山石珊瑚伴生物种多样性. 生物多样性, 7(3): 181-188.

江志坚, 黄小平. 2010. 富营养化对珊瑚礁生态系统影响的研究进展. 海洋环境科学, 29(2): 280-285.

焦念志. 2006. 海洋微型生物生态学. 北京: 科学出版社: 525.

李永祺. 2012. 中国区域海洋学: 海洋环境生态学. 北京: 海洋出版社.

李永振, 贾晓平, 陈国宝, 等. 2007. 南海珊瑚礁鱼类资源. 北京: 海洋出版社: 446.

林昭进, 邱永松, 张汉华, 等. 2007. 大亚湾浅水石珊瑚的分布现状及生态特点. 热带海洋学报, 26(3): 63-67.

刘丽, 陈育盛, 申玉春, 等. 2012. 造礁石珊瑚共生藻的分子分类研究. 海洋与湖沼, 43(4): 718-722.

纳乌莫夫, 颜京松, 黄明显, 等. 1960. 海南岛珊瑚礁的主要类型. 海洋与湖沼, 3(3): 157-176.

聂宝符. 1984. 从 X- 射线照片探讨我国几种造礁石珊瑚的年成长率. 热带地貌, 5(1): 20-27.

聂宝符. 1987. 南海中、北部几种造礁石珊瑚的成长率及与表层水温关系的探讨 // 中国科学院中澳第四纪合作研究组. 中国 - 澳大利亚第四纪学术讨论会论文集. 北京: 科学出版社: 224-232.

邵广昭, 陈正平, 陈静怡, 等. 2011. 南海东沙岛及太平岛鱼类种类组成和动物地理学特点. 生物多样性, 19(6): 737-763.

沈国英, 黄凌风, 郭丰, 等. 2010. 海洋生态学. 3 版. 北京: 科学出版社: 360.

孙湘平. 2006. 中国近海区域海洋. 北京: 海洋出版社: 375.

佟飞, 陈丕茂, 秦传新, 等. 2015. 南海中沙群岛两海域造礁石珊瑚物种多样性与分布特点. 应用海洋学学报, 34(4): 535-541.

王丽荣, 陈锐球, 赵焕庭. 2008. 徐闻珊瑚礁自然保护区礁栖生物初步研究. 海洋科学, 32(2): 56-61.

王文卿, 王瑁. 2007. 中国红树林. 北京: 科学出版社: 186.

王颖. 2013. 中国海洋地理. 北京: 科学出版社: 910.

伍汉霖, 邵广昭, 赖春福, 等. 2017. 拉汉世界鱼类系统名典. 青岛: 中国海洋大学出版社.

伍汉霖, 钟俊生, 陈义雄. 2012. 中国海洋鱼类生物多样性、名录及分类系统的叙述 // 林茂, 王春光. 第一届海峡两岸海洋生物多样性研讨会文集. 北京: 海洋出版社: 95-103.

谢树成, 殷鸿福, 史晓颖, 等. 2011. 地球生物学: 生命与地球环境的相互作用和协同演化. 北京: 科学出版社: 245.

许振祖, 黄加祺, 林茂, 等. 2014a. 中国刺胞动物门水螅虫总纲: 上册. 北京: 海洋出版社.

许振祖, 黄加祺, 林茂, 等. 2014b. 中国刺胞动物门水螅虫总纲: 下册. 北京: 海洋出版社.

曾昭璇, 梁景芬, 丘世钧. 1997. 中国珊瑚礁地貌研究. 广州: 广东人民出版社.

赵焕庭, 宋朝景, 余克服, 等. 1994. 西沙群岛永兴岛和石岛的自然与开发. 海洋通报, 13(5): 44-56.

赵焕庭, 温孝胜, 孙宗勋, 等. 1996. 南沙群岛珊瑚礁自然特征. 海洋学报, 18(5): 61-70.

中国科学院南海海洋研究所. 1987. 曾母暗沙: 中国南疆综合调查研究报告. 北京: 科学出版社: 245.

祝廷成, 董厚德. 1983. 生态系统浅说. 北京: 科学出版社: 192.

庄启谦, 李春生, 陆保仁, 等. 1981. 西沙群岛金银岛和东岛礁平台的分带特点. 海洋与湖沼, 12(4): 341-348, 图版 2.

邹仁林. 1978. 西沙群岛珊瑚类的研究III. 造礁石珊瑚、水螅珊瑚、笙珊瑚和苍珊瑚名录 // 中国科学院南海海洋研究所. 我国西沙、中沙群岛海域海洋生物调查研究报告集. 北京: 科学出版社: 91-112, 图版 I-XII.

邹仁林. 1980. 西沙群岛造礁石珊瑚群落结构的再分析. 海洋学报, 2(3): 98-110.

邹仁林. 1987. 珊瑚 // 中国大百科全书总编辑委员会本卷编辑委员会, 中国大百科全书出版社编辑部. 中国大百科全书: 大气科学 海洋科学 水文科学. 北京: 中国大百科全书出版社: 652-653.

邹仁林. 1995. 中国珊瑚礁的现状与保护对策 // 中国科学院生物多样性委员会, 林业部野生动物和森林植物保护司. 生物多样性研究进展. 北京: 中国科学技术出版社: 281-290.

邹仁林. 2001. 中国动物志·腔肠动物门·珊瑚虫纲·石珊瑚目·造礁石珊瑚. 北京: 科学出版社: 289, 图版 55.

邹仁林, 陈国通, 孙修勤. 1982. 东海深水石珊瑚的初步研究I. 海洋通报, 4: 51-67, 图版 I-VII.

邹仁林, 甘子钧, 陈绍谋, 等. 1993. 红珊瑚. 北京: 科学出版社: 84, 图版 4.

邹仁林, 宋善文, 马江虎. 1975. 海南岛浅水造礁石珊瑚. 北京: 科学出版社.

邹仁林, 朱袁智, 王永川, 等. 1979. 西沙群岛珊瑚礁组成成份的分析和"海藻脊"的讨论. 海洋学报, 1(2):

292-298.

Appeltans W, Ahyong S T, Anderson G, et al. 2012. The magnitude of global marine species diversity. Current Biology, 22(23): 2189-2202.

Baker A C. 2003. Flexibility and specificity in coral-algal symbiosis: Diversity, ecology, and biogeography of *Symbiodinium*. Annual Review of Ecology, Evolution, and Systematics, 34: 661-689.

Bouillon J, Boero F. 2000. Phylogeny and classification of Hydroidomedusae. Thalassia Salentina, 24: 1-296.

Castro P, Huber M E. 2010. Marine Biology. 8th ed. New York: McGraw-Hill: 461.

Chan B K K, Chen Y Y, Achituv Y. 2013. Crustacean fauna of Taiwan: Barnacles, Volume II-Cirripedia: Thoracica: Pyrgomatidae. Biodiversity Research Center, Academia Sinica: 364.

Collins A G, Schuchert P, Marques A C, et al. 2006. Medusozoan phylogeny and character evolution clarified by new large and small subunit rDNA data and an assessment of the utility of phylogenetic mixture models. Systematic Biology, 55(1): 97-115.

Cope M. 1982. A Lithophyllon dominated coral community at Hoi Hai Wan, Hong Kong//Morton B. Proceedings of the First International Marine Biological Workshop: The Marine Flora and Fauna of Hong Kong and Southern China. Hong Kong: Hong Kong University Press: 587-593.

Cope M. 1986. Seasonal, diel and tidal hydrographic patterns, with particular reference to dissolved oxygen, above a coral community at Hoi Ha Wan, Hong Kong. Asian Marine Biology, 3: 59-74.

Cornelius P F S. 1995. North-west European thecate hydroids and their medusae (Cnidaria, Leptolida, Leptothecatae). Synopses of the British Fauna, (NS), 50(1): 1-347.

Dai C F, Horng S. 2009a. Scleractinia Fauna of Taiwan. I . The Complex Group. Taipei: Taiwan University.

Dai C F, Horng S. 2009b. Scleractinia Fauna of Taiwan. II . The Robust Group. Taipei: Taiwan University.

Daly M, Brugler M R, Cartwright P, et al. 2007. The phylum Cnidaria: A review of phylogenetic patterns and diversity 300 years after Linnaeus. Zootaxa, 1668: 127-182.

Davies P S. 1993. Endosymbiosis in marine cnidarians//John D M, Hawkins S J, Price J H. Plant-Animal Interactions in the Marine Benthos. Oxford: Clarendon Press: 511-540.

Ezaki Y. 2000. Palaeoecological and phylogenetic implications of a new scleractiniamorph genus from Permian sponge reefs, South China. Palaeontology, 43(2): 199-217.

Fisher R, O'Leary R A, Low-Choy S, et al. 2015. Species richness on coral reefs and the pursuit of convergent global estimates. Current Biology, 25(4): 500-505.

Hoeksema B W, Cairns S. 2020. World List of Scleractinia. Scleractinia. http://www.marinespecies.org/aphia. php?p=taxdetails&id=1363 (accessed on 2020-01-16).

Jones O A, et al. 1972. A marine biological survey of southern Taiwan with emphasis on corals and fishes. Institute of Oceanography, College of Natural Science Taiwan University, Special Publication: 93.

Kitahara M V, Fukami H, Benzoni F, et al. 2016. The new systematics of Scleractinia: Integrating molecular and morphological evidence//Goffredo S, Dubinsky Z. The Cnidaria, Past, Present and Future. Berlin: Springer: 41-59.

Knowlton N, Brainard R E, Fisher R, et al. 2010. Coral reef biodiversity//Mclntyre A D. Life in the World's Oceans: Diversity, Distribution, and Abundance. England: Blackwell Publishing Ltd.: 65-77.

Lin S J, Cheng S F, Song B, et al. 2015. The *Symbiodinium kawagutii* genome illuminates dinoflagellate gene expression and coral symbiosis. Science, 350: 691-694.

Ma T Y. 1937. On the growth rate of reef corals and its relation to sea water temperature. Nast. Inst. Acad. Sinica,

Zool. Ser. No. 1: 1-226, pls. 1-100.

Ma T Y. 1959. Effect of water temperature on growth rate of reef corals. Oceanographia Sinica, Special 1: 116, pls. 1-320.

Mao Y F, Economo E P, Satoh N. 2018. The roles of introgression and climate change in the rise to dominance of *Acropora* corals. Current Biology, 28: 3373-3382.

Morton B. 1992. Hoi Ha Wan//Morton B. Proceedings of the Fourth International Marine Biological Workshop: The Marine Flora and Fauna of Hong Kong and Southern China. Hong Kong: Hong Kong University Press: 781-921.

Morton B. 1994. Hong Kong's coral communities: Status, threats and management plans. Marine Pollution Bulletin, 29(1-3): 74-83.

Morton B, Blackmore G. 2000. The impacts of an outbreak of corallivorous gastropods, *Drupella rugosa* and *Cronia margariticola* (Muricidae), on Hong Kong's scleractinian corals. The University of Hong Kong, The Swire Institute of Marine Science: 48.

Morton B, Morton J. 1983. The Seashore Ecology of Hong Kong. Hong Kong: Hong Kong University Press.

Morton B, Ruxton J. 1997. Hoi Ha Wan. Hong Kong: World Wide Fund for Nature: 57.

Ortman B D, Bucklin A, Pages F, et al. 2010. DNA barcoding the Medusozoa using mtCOI. Deep Sea Research Part II: Topical Studies in Oceanography, 57(24-26): 2148-2156.

Pochon X, Montoyaburgos J I, Stadelmann B, et al. 2006. Molecular phylogeny, evolutionary rates, and divergence timing of the symbiotic dinoflagellate genus *Symbiodinium*. Molecular Phylogenetics and Evolution, 38(1): 20-30.

Ruggiero M A, Gordon D P, Orrell T M, et al. 2015. Correction: A higher level classification of all living organisms. PLoS ONE, 10(6): e0130114.

Stolarski J, Kitahara M V, Miller D J, et al. 2011. The ancient evolutionary origins of Scleractinia revealed by azooxanthellate corals. BMC Evolutionary Biology, 11: 316.

Veron J E N. 1982. Hermatypic Scleractinia of Hong Kong, an annotated list of species//Morton B. Proceedings of the First International Marine Biological Workshop: The Marine Flora and Fauna of Hong Kong and Southern China. Hong Kong: Hong Kong University Press: 111-125.

Veron J E N. 1995. Corals in Space and Time: The Biogeography and Evolution of the Scleractinia. New York: Cornell University Press.

Verrill A E. 1902. Notes on corals of the genus *Acropora* (Madrepora Lam.) with new descriptions and figures of types and of several new species. Transactions of the Connecticut Academy of Arts and Sciences, 11: 207-266.

Wallace C C, Rosen B R. 2006. Diverse staghorn corals (*Acropora*) in high-latitude Eocene assemblages: Implications for the evolution of modern diversity patterns of reef corals. Proceedings of the Royal Society B: Biological Sciences, 273: 975-982.

Wang X, Zoccola D, Liew Y J, et al. 2021. The evolution of calcification in reef-building corals. Molecular Biology and Evolution, 38(9): 3543-3555.

Wilkinson C. 2004a. Status of coral reef of the World: 2004. Australian Institute of Marine Science, 1: 1-302.

Wilkinson C. 2004b. Status of coral reef of the World: 2004. Australian Institute of Marine Science, 2: 303-547.

Wilson M E J, Rosen B R, Hall R, et al. 1998. Implications of paucity of corals in the Paleogene of SE Asia: Plate tectonics or centre of origin//Hall R, Holloway J D. Biogeography and Geological Evolution of SE Asia. Leiden: Backhuys Publishers: 165-195.

第二篇

红树林生态系统

第三章

中国红树林的研究历史和基本概念

第一节 研究历史

红树林（mangrove）是以生物命名的特殊或典型的海洋生态系统。红树林主要分布在热带海域，并向亚热带低盐的高潮区、中潮区延伸。自古以来，沿海居民就对红树林（海加椗）有所认识，20 世纪 50 年代我国科学家着重研究了中国红树植物的分类与分布，60～70 年代对红树林生态系统已有深入的研究，80 年代以来，已重视红树林的保护和修复。至今，中国关于红树林的研究论文、报告和专著（辑）已有 500 多篇（册），按地区扼要分述如下。

一、广东红树林的研究

1953 年中山大学植物研究所侯宽昭和何椿年发表了《中国的红树林》，总结了其多年的调查研究结果，首次论述我国沿海（包含香港和台湾地区）红树植物的种类、分布、区系、形态、生态及用途。1957 年张宏达、张超常、王伯荪发表了《雷州半岛的红树植物群落》，论述了雷州半岛红树林的结构、外貌和群落类型。1985 年陈树培、梁志贤、邓义发表了《粤东的红树林》，记录了汕头、海丰、深圳的 20 种红树植物。1985 年高蕴璋在《热带地理》发表了《广东的红树林》，记录了红树植物、半红树植物及盐生植物（halophyte）共 42 种。1985 年张宏达发表了《香港地区的红树林》，Tam N F Y 和 Wong Y S（谭凤仪和黄玉山）2000 年出版了 *Hong Kong Mangroves*，详细论述了香港 44 处红树林区的 20 种红树植物及其他生物。

除了对红树植物的分类、区系和红树林的分布有了较全面的调查研究，对红树林生态系统、红树林生境及红树林区的动植物也有报道。1997 年黄玉山、谭凤仪等辑录了《广东红树林研究——论文选集》，共 65 篇论文，附录 386 篇论文目录。1998 年张宏达、陈桂珠、刘治平、张社尧主编了《深圳福田红树林湿地生态系统研究》。2002 年王伯荪、廖宝文、王勇军、昝启杰编著了《深圳湾红树林生态系统及其持续发展》。2013 年廖宝文等主编的《南沙湿地环境与生物多样性》，记录南沙湿地红树植物 12 科 15 属 17 种，监测到鸟类 17 目 42 科 100 属 149 种，记录大型底栖动物 27 种、浮游植物 8 门 92 属 338 种、昆虫 36 科 67 种。

二、海南红树林的研究

国家林业局 2004 年设立了海南东寨港红树林湿地生态系统国家定位观测研究站（同时也在广州南沙、珠海淇澳岛、湛江高桥、深圳福田等地设立了研究基点）。廖宝文（2009）主编了《海南东寨港红树林湿地生态系统研究》，分七篇辑录 53 篇论文。郑德璋等（1999）编辑了《红树林主要树种造林与经营技术研究》，辑录了 49 篇论文。

在海南研究红树林的机构除中国林业科学研究院热带林业研究所外，还有厦门大学、中山大学、中国科学院南海海洋研究所、自然资源部第三海洋研究所、中国科学院华南植物园、海南大学、海南师范大学、中国矿业大学、中国科学院植物研究所、广西红树林研究中心、广西大学、广西师范大学、香港城市大学和香港科技大学等。

海南南部三亚铁炉港和东部清澜港也是红树林研究热点。海南的红树林乔木林和灌木林兼备，灌木林较多。

三、福建红树林的研究

福建福鼎是中国红树林自然分布的最北地带。何景（1957）在《生物学通报》发表了《红树林的生态学》，林来官和黄友儒（1962）在《福建师范学院学报》发表了《福建红树植物群落》。林鹏 1984 年编著了《红树林》，介绍了红树林的定义、全球和中国红树植物的种类及分布，1990 年编写了《红树林研究论文集》，辑录了作者研究团队 1980～1989 年发表的论文，包括红树植物资源和群落学、红树林的物质流、红树林的能量流、红树林的生理生态学和形态学、红树林的污染生态学，截至 2010 年已编写了七集，辑录了其研究团队的数百篇论文。1995 年林鹏和傅勤列出了红树林区的植物类型与鉴别标准，按真红树植物这一标准，这是国内首次把卤厥属 *Acrostichum* 归在半红树植物。

王文卿和王瑁 2007 年合著了《中国红树林》，较全面、系统地总结了历年的研究成果。王文卿和陈琼 2013 年合著了《南方滨海耐盐植物资源（一）》，包括了全国的红树植物及其生境。卢昌义和叶勇 2006 年合著了《湿地生态与工程——以红树林湿地为例》，卢昌义对红树林生态、造林等有多年的研究积累。李荣冠、王建军、林俊辉 2014 年主编了《福建典型滨海湿地》，较全面地介绍了福建的红树林及林区滩涂的底栖生物。

四、广西红树林的研究

广西沿海地处南亚热带。1991 年广西红树林研究中心成立。1993 年中国生态学学会召开了红树林生态系统学术讨论会，会后范航清和梁士楚（1995）主编了《中国红树林研究与管理》。

五、台湾红树林的研究

台湾红树林主要分布在台湾岛西岸。台湾大学黄生等对红树植物有较多研究，包括台湾红树植物的种类、分布、遗传多样性，以及红树林区（滩涂）的无脊椎动物和鱼类的分布，1998 年编写了 *Mangroves of Taiwan*。此外，台湾特有生物研究保育中心、台湾"中研院"动物研究所、台湾博物馆对红树林和红树林生态系统也有研究。

第二节 红树林区植物

红树林区是红树林植物生长的滩涂及周边的光滩区域。红树林植物生长的滩涂底质是酸性硫酸盐土，生物群落不同于周边的光滩。

红树林区植物是生长在热带、亚热带沿海潮间带红树林区的木本植物群落，以及群落周边的草本植物和藤本植物。

红树林是生长在热带、亚热带沿海潮间带红树林区的木本植物群落。红树林分乔木林、灌木林和蕨类，亚热带的红树林多数为灌木林，热带有高大的乔木林。红树林术语既适用于红树植物，又适用于红树林生境（Spalding et al.，2010；Webber et al.，2017）。

红树植物是红树林的主要植物种类，是生长于潮间带和陆地非盐渍土的木本植物。

红树林区植物性状在生态学中有着广泛的应用，红树林区的植物通常可分为如下 4 种类型（林鹏，2001；Wang et al.，2011；Tomlinson，2016；Quadros and Zimmer，2017）。

（1）真红树植物：专一性地生长于潮间带的木本植物。

（2）半红树植物：能生长于潮间带，也能生长于陆地非盐渍土的两栖木本植物。

（3）盐生植物：生长于潮间带高潮区的草本维管植物，如碱蓬属 *Suaeda*、鼠尾粟属 *Sporobolus* 等，在红树林外缘高潮区很常见，种类也多。

（4）其他海洋沼泽植物：虽有时也出现于红树林沼泽中，但通常被认为是属于海草或盐沼群落中的植物。

林鹏（2001）列举了中国红树林区植物的类型与鉴别标准（表 3-1），也将红树林区的植物分为 4 种类型：红树植物、半红树植物、红树林伴生植物、其他海洋沼泽植物。依据林鹏（2001）的鉴别标准和相关文献（Wang et al.，2011；Tomlinson，2016；Quadros and Zimmer，2017），其中的"红树植物"是真红树植物。

表 3-1 红树林区植物的类型与鉴别标准

类型	鉴别标准
红树植物	专一性地生长于潮间带的木本植物
半红树植物	能生长于潮间带，有时成为优势种，但也能在陆地非盐渍土生长的两栖木本植物
红树林伴生植物	偶尔出现在红树林中或边缘，但不成为优势种的木本植物，以及出现于红树林下的附生植物、藤本植物和草本植物等
其他海洋沼泽植物	虽有时也出现于红树林沼泽中，但通常被认为是属于海草或盐沼群落中的植物

资料来源：林鹏（2001）

第三节　红树林生境及红树植物对生境的适应

一、红树林生境

（一）潮间带

潮间带是由潮汐引起的大潮涨潮高潮线和退潮低潮线之间的地带。红树林分布在潮间带高潮区、中潮区。因此，调查红树林的研究人员，必须掌握潮汐规律。

（二）潮汐

海水由于受到月球和太阳的引力作用而产生周期性的升降（涨落）运动的现象称为潮汐。在潮汐升降的每一周期中，海面涨至最高时为高潮线，退至最低时为低潮线。从低潮到高潮的过程中，海面逐渐升涨称为涨潮；从高潮到低潮的过程中，海面逐渐下落称为落潮。相邻的高潮与低潮的水位（潮位）差为潮差。一个海港（港湾）全年的最高潮位和最低潮位的差为最大潮差。从低潮时至高潮时所经历的时间为涨潮时间；从高潮时至低潮时所经历的时间为落潮时间。

根据潮汐的性质可以将潮汐分为以下 4 种类型。

（1）半日潮：在一个太阴日内（约 24h 50min），发生两次高潮和两次低潮，且相邻的高潮（低潮）的潮位大致相等，涨潮和落潮持续时间亦很接近。厦门港的潮汐就是半日潮。

（2）全日潮（diurnal tide）：在半个月中，一天出现一次高潮和一次低潮的天数超过 7d，而其余时间为混合潮性质。海南海口的潮汐就是全日潮。

（3）不正规半日潮：基本具有半日潮的特征，在一个太阴日内，有两次高潮和两次低潮，但相邻的高潮（低潮）的潮位相差很大，涨潮和落潮持续时间也不接近。香港维多利亚港的潮汐就是不正规半日潮。

（4）不正规全日潮：在半月中，一天出现一次高潮和一次低潮的天数不超过 7d，多数为全日潮。海南三亚、台湾西岸的潮汐就是不正规全日潮。

表 3-2 列出了 12 处红树林分布区的最大潮差，其中最大潮差较大的是福建三沙湾和厦门港，两地都达到 7m 多，最大潮差较小的是海南三亚（1.86m）和台湾西岸（1.38m）。全国红树林分布区的最大潮差相差可达 4 倍多，这意味着红树林在不同地点分布的垂直距离也可能相差几倍。潮差大小和红树林浸没在海水中的时间紧密相关。红树林在潮间带的垂直分布以往通常用高潮区、中潮区、低潮区表述，为了更精确，红树林的垂直分布建议同时用潮区和潮位表述，如厦门湾和泉州湾红树植物桐花树与秋茄树都是分布在中潮区上区潮位 4.4m 以上。

表 3-2　中国沿海主要红树林分布区及相应潮汐（2015 年）

地点		最大潮差（cm）	最高潮位(cm)	最低潮位（cm）	潮汐类型
福建	三沙湾（三都澳红树林）	713	712	-1	半日潮
	厦门港（九龙江口红树林）	705	700	-5	半日潮
	东山湾（漳江口红树林）	429	436	7	不正规半日潮
广东	湛江（湛江红树林）	476	451	-25	不正规半日潮
	流沙（雷州半岛东红树林）	310	387	77	不正规半日潮
广西	北海港（广西红树林）	426	492	66	全日潮
	防城港（防城港红树林）	423	460	37	全日潮
海南	海口（东寨港红树林）	227	255	28	全日潮
	清澜港（清澜红树林）	201	193	-8	不正规全日潮
	三亚（海南南部红树林）	186	187	1	不正规全日潮
香港（维多利亚港）		266	270	4	不正规半日潮
台湾（台湾西岸红树林）		138	137	-1	不正规全日潮

资料来源：《2015 潮汐表》

（三）盐度

红树林植物的生长有一定适盐范围。在海南东寨港红树林保护区，湾外琼州海峡的盐度为30～34，无红树林出现，盐度分布自外海向河口港湾呈梯度递减，至湾口北港岛盐度为 20.5，出现红海榄等 3 种红树植物，湾顶三江的盐度降至 12.4，有秋茄树、桐花树等红树植物分布（表 3-3）（王瑁等，2013）。

表 3-3　海南东寨港红树林保护区的盐度及红树植物

地点	盐度	红树植物
琼州海峡	30～34	两岸湾外无红树林
北港岛	20.5	红海榄，海榄雌，角果木
塔市	19.7	红海榄，海榄雌，角果木
演丰	17.7	海莲，尖瓣海莲
三江	12.4	秋茄树，桐花树，海莲

福建厦门九龙江口盐度为 ±0.5～±28 的软泥质滩涂区域都有红树林分布，盐度＜±0.5 的石码没有红树植物分布，但有繁茂的短叶茳芏（咸水草），由于没有适宜红树林生长的软泥质滩涂，鼓浪屿、曾厝垵没有红树植物分布，但在鼓浪屿西北面的厦门西港软泥质滩涂，又有成片的红树植物出现（表 3-4）。这表明红树植物的分布需适宜的盐度及相关环境因子。

表 3-4　福建厦门九龙江口红树林的分布

盐度区	盐度范围	代表性地区	红树植物和盐碱植物	
淡水低盐区至淡水区	<±0.5	石码	无红树植物，有短叶茳芏	
半咸水低盐区	±0.5～±10	海澄、南溪口	北岸桐花树，南岸秋茄树	
半咸水中盐区	±10～±18	白礁、金山、海门	北岸桐花树，南岸秋茄树	
半咸水高盐区	±18～±28	海沧、鸡屿、屿仔尾	北岸桐花树，南岸秋茄树	
河口外高盐区	±25～±30	鼓浪屿、破灶、曾厝垵	无红树植物，有厚藤	

（四）温度

全球红树林主要分布于 32°N 至 38.75°S 的沿海潮间带（Dahdouh-Guebas，2022），人工引种种植的红树林北界是 34°38′N，温度是限制红树植物向两极扩布的主要环境因子。中国自福建福鼎往南都有红树林的自然分布，人工种植的北界是 28°25′N。福鼎年最冷月份为 1～2 月，平均水温为 17℃，平均气温为 16℃，这是中国红树林自然分布的最低临界温度。

（五）土壤

红树林植物生长于淤泥、砂质泥、泥质砂和细砂底质地区，淤泥或砂质泥地区最适宜红树林植物生长，泥质砂地区或沙滩虽然也有红树林分布，但生长不繁茂。红树林区土壤的主要特征是富含有机物质、缺氧和呈酸性。

红树林区土壤的有机物质：红树植物的残落物为土壤提供了丰富的有机物质，根系分泌物及大量细根的周转也是有机物质的重要来源。因此，红树林区土壤的有机物质含量通常较高，多数在 2.0% 以上。例如，雷州半岛红树林区土壤的有机物质含量为 0.7%～4.9%，平均 2.4%，明显高于地带性土壤有机物质的含量 1.5%。又如，海南岛红树林繁茂区的土壤有机物质含量达 4%～6%，最高可达 10%～15%（王文卿和王瑁，2007）。

红树林区土壤的含氧：周期性潮水浸泡和丰富的有机物质，是红树林区土壤缺氧的主要原因。

红树林区土壤的 pH：在红树林区土壤缺氧的还原性环境中，硫被还原成 H_2S，有机物不能彻底分解而产生有机酸，红树植物呈微酸性的单宁随凋落物进入土壤，以及当红树林区土壤严重脱水后，硫化物被氧化为硫酸，这些都是红树林区土壤呈酸性的原因。因此，红树林区土壤的显著特点是 pH 通常在 5.0 以下，非红树林区海水及底质的 pH 通常在 8 以上。

二、红树植物对生境的适应

红树植物生长在受潮汐周期性浸没的潮间带，红树林区的潮间带土壤多数为软泥，呈酸性、缺氧。为适应这种生境，红树植物在形态、生理和生态上有一系列相应的适应特征。

（一）多种多样的气生根系

红树植物多数生长于潮间带淤泥区，缺氧、受海浪冲击，因而有与其相适应的多种气生根类型：支柱根、膝状根、表面根、板状根、呼吸根（笋状呼吸根和指状呼吸根）等（表3-5）。

表3-5 中国15种红树植物呼吸根的类型

种名	支柱根	笋状呼吸根	表面根	板状根	指状呼吸根	膝状根
木果楝 *Xylocarpus granatum*			+	√		
海漆 *Excoecaria agallocha*			+			
海桑 *Sonneratia caseolaris*		+				
木榄 *Bruguiera gymnorrhiza*	√					+
海莲 *Bruguiera sexangula*	√			√		+
尖瓣海莲 *Bruguiera sexangula* var. *rhynchopetala*	√			√		+
角果木 *Ceriops tagal*						+
秋茄树 *Kandelia obovata*	√			√		
红树 *Rhizophora apiculata*	+					
红海榄 *Rhizophora stylosa*	+					
红榄李 *Lumnitzera littorea*						+
榄李 *Lumnitzera racemosa*						+
蜡烛果 *Aegiceras corniculatum*	√			√		
海榄雌 *Avicennia marina*	√				+	
老鼠簕 *Acanthus ilicifolius*	+					
银叶树 *Heritiera littoralis*				+		

资料来源：王文卿和王瑁（2007）

"+"表示主要根系类型，"√"表示偶见

（1）支柱根：支柱根从主干和侧枝斜向下伸出，呈圆形，扎入土中，有时还会形成分枝，少则几十条，多则上百条。红海榄、红树和老鼠簕有发达的支柱根，海榄雌、秋茄树、木榄和海莲也常发育支柱根。

（2）表面根：木果楝的表面根是地下水平行走的根在远地侧异常次生生长突出土壤表面的结果，根变曲如蛇形，也有人称之为蛇形根。海漆的表面根只是根正常加粗后突出土壤表面的结果，并且海漆表面根上分布有较多的皮孔。

（3）板状根：秋茄树和银叶树等的树干基部及附近的根向外和向上生长，形成较平直和高耸的板状根。木果楝树干基部及附近的根向外伸展后，形成较长而低的板状根。

（4）呼吸根：海榄雌和海桑属植物水平伸长的根每隔一小段形成的露出表面的垂直分枝称为呼吸根。海榄雌的呼吸根次生生长有限，高度不超过30cm，呈指状，称为指状呼吸根。指状呼吸根的数量往往非常大，可达 400 条 /m²，一株 2～3m 高的海榄雌可拥有超过 10 000 条呼吸根。海桑的呼吸根次生生长明显，高度可达 1m，基部较粗，上部明显变细，呈笋状，称为笋状呼吸根，在海南万宁记录到高达 1.5m 的笋状呼吸根，国外有笋状呼吸根高 3m 的报道。在各类型气生根中，海榄雌的指状呼吸根和海桑属植物的笋状呼吸根表面积最大。一株高 3m 的海榄雌指状呼吸根表面积可达 45m²。退潮时，呼吸根暴露于空气中，可以吸收空气中的 O_2，涨潮时，呼吸根可从水中吸收溶解氧，因此海榄雌和海桑属植物是耐水淹的先锋种，往往出现在红树林带最前缘。

（5）膝状根：水平生长的根系每隔一段就向上生长，形成一露出土壤表面的弓环，露出部分次生生长，成为膝盖状呼吸根。

呼吸根通过发达的气道来输送氧气，杯萼海桑的根中有近 40% 的空间被气道占据，而海榄雌的通气组织甚至达 70%。呼吸根也有支持功能，但不是所有红树植物都有呼吸根，如桐花树、瓶花木、水椰等就很难见到呼吸根。同种红树植物分布在不同生境，其呼吸根类型也会发生变化。

某些红树植物的根和茎还具有向外开放的皮孔，用以吸收氧气和排出废物，如海莲呼吸根表面密布皮孔，尖瓣海莲的树皮表面也有大的皮孔。

（二）对盐渍生境的适应

红树植物的根系可将吸收自海水中的盐分大部分过滤掉，秋茄树、木榄、海莲的过滤效率可达 99%，海榄雌、桐花树的过滤效率达 90%，对于进入体内的多余盐分，红树植物则通过叶片的盐腺泌盐和老叶掉落等方式排出体外。例如，海榄雌、桐花树、老鼠簕的叶片表面具有盐腺，能富集盐分并将其分泌到叶外，这类植物称为泌盐植物；红树植物还可以把体内多余的盐分集中到老叶片，落叶时将盐分排出。热带、亚热带地区光照强、温度高，植物体内的水分易于蒸发，因而红树植物保持较高的渗透势，同时多数种的叶片较厚、革质或肉质、小型、有光泽，多数全缘，表皮组织有厚膜且角质化，气孔常在叶背。红树植物叶片的肉质化程度均在 2.5g/dm² 以上。秋茄树、海榄雌、红海榄的叶片具有复表皮，可防止水分散失。海榄雌的叶背密生绒毛，可减少水分蒸发。

有些红树植物的树皮富含单宁，因此其具有强的抗腐蚀和抗病虫害能力。早期，渔民的衣服和船帆就是用红树皮单宁泡染的。中国 10 种红树植物树皮单宁的含量分别为：木果楝为 30%、角果木为 28%～30%、秋茄树为 12%～31%、木榄为 12%～23%、红海榄为 12%～24%、榄李为 21%、桐花树为 9%～20%、海莲为 20%～23%、海漆为 7%～9%、红树为 14%（王文卿和王瑁，2007）。

（三）胎生 - 繁殖适应

如同人类十月怀胎，胎儿吸收母亲的养分长大，有些红树植物的果实成熟后，种子只有短暂的休眠期或直接从母体吸收能量和营养，渐渐长成圆轴状或香蕉状、蚕豆状的胎生苗，因此此类植物的繁殖体不是果实，也不是种子。胎生分显胎生和隐胎生，显胎生的有秋茄树、木榄、海莲、尖瓣海莲、角果木、红树、红海榄等 7 种，隐胎生的有桐花树、海榄雌和水椰。胎生对适应潮间带生境和繁殖体的传播有重要意义。潮间带潮汐涨落，胚轴或胚苗挂在树上一段时间表皮就会脱水，密度比海水小，脱落后可以漂浮于海面进一步扩散。

目前红树植物的移植或造林多数通过采集胚轴，其中秋茄树的胚轴用来造林最便捷。

有 9 种真红树植物不是用胎生方式进行繁殖，包括海漆、杯萼海桑、海桑、海南海桑、卵叶海桑、拟海桑、小花老鼠簕、瓶花木、拉氏红树。全部半红树植物的繁殖也不是胎生。

第四章

红树植物的种类、分布及特点

第一节　全球红树植物的种类与分布

一、红树植物的种类

　　1984 年，林鹏报道全球共有真红树植物和半红树植物 83 种（包括变种）；2003 年，Wang 等报道全球共有真红树植物和半红树植物 84 种（包括变种），然而，对真红树植物和半红树植物的划分尚未达成共识。自然杂交是植物的常见现象，在植物进化中起着重要作用，近年来，红树植物自然杂交现象已陆续有报道，已命名十余种红树植物杂交种（Duke，2010；Zhang et al.，2013；Ragavan et al.，2015，2017）。依据世界红树数据库信息（Dahdouh-Guebas，2022）和文献（潘文等，2015；Duke，2010，2017；Duke and Ge，2011；Meepol et al.，2020），目前已记录的真红树植物有：凤尾蕨科 Pteridaceae、爵床科 Acanthaceae、棕榈科 Arecaceae、使君子科 Combretaceae、大戟科 Euphorbiaceae、千屈菜科 Lythraceae、锦葵科 Malvaceae、楝科 Meliaceae、桃金娘科 Myrtaceae、报春花科 Primulaceae、白花丹科 Plumbaginaceae、红树科 Rhizophoraceae、茜草科 Rubiaceae 和四贵木科 Tetrameristaceae 等 14 科 24 属 96 种（包括杂交种、亚种和变种）（表 4-1）。也有文献（Wang et al.，2011）认为，凤尾蕨科的卤蕨 *Acrostichum* spp. 和锦葵科的银叶树 *Heritiera littoralis* 应为半红树，如此，全球的真红树植物为 13 科 23 属 91 种（包括杂交种、亚种和变种）。

表 4-1　全球真红树植物种类名录

科名	种名	参考文献
爵床科 Acanthaceae	*Acanthus ebracteatus*	Dahdouh-Guebas，2022
	Acanthus ilicifolius	Dahdouh-Guebas，2022
	Acanthus volubilis	Dahdouh-Guebas，2022
	Acanthus ebracteatus subsp. *ebarbatus*	Dahdouh-Guebas，2022
	Acanthus ebracteatus subsp. *ebracteatus*	Dahdouh-Guebas，2022
	Avicennia alba	Duke，2017；Dahdouh-Guebas，2022
	Avicennia balanophora	Dahdouh-Guebas，2022
	Avicennia bicolor	Duke，2017；Dahdouh-Guebas，2022

科名	种名	参考文献
爵床科 Acanthaceae	*Avicennia germinans*	Duke，2017；Dahdouh-Guebas，2022
	Avicennia integra	Duke，2017；Dahdouh-Guebas，2022
	Avicennia marina	Duke，2017；Dahdouh-Guebas，2022
	Avicennia officinalis	Duke，2017；Dahdouh-Guebas，2022
	Avicennia schaueriana	Duke，2017；Dahdouh-Guebas，2022
	Avicennia marina subsp. *australasica*	Dahdouh-Guebas，2022
	Avicennia marina subsp. *eucalyptifolia*	Dahdouh-Guebas，2022
	Avicennia marina subsp. *marina*	Dahdouh-Guebas，2022
	Avicennia marina subsp. *rumphiana*	Dahdouh-Guebas，2022
	Avicennia marina var. *acutissima*	Dahdouh-Guebas，2022
	Avicennia marina var. *anomala*	Dahdouh-Guebas，2022
	Avicennia marina var. *australasica*	Dahdouh-Guebas，2022
	Avicennia marina var. *eucalyptifolia*	Dahdouh-Guebas，2022
	Avicennia marina var. *marina*	Dahdouh-Guebas，2022
	Avicennia marina var. *resinifera*	Dahdouh-Guebas，2022
		Dahdouh-Guebas，2022
棕榈科 Arecaceae	*Nypa fruticans*	Duke，2017；Dahdouh-Guebas，2022
凤尾蕨科 Pteridaceae	*Acrostichum aureum*	Duke，2017；Dahdouh-Guebas，2022
	Acrostichum danaeifolium	Duke，2017；Dahdouh-Guebas，2022
	Acrostichum speciosum	Duke，2017；Dahdouh-Guebas，2022
	Acrostichum urvillei	Dahdouh-Guebas，2022
使君子科 Combretaceae	*Conocarpus erectus*	Duke，2017
	Conocarpus lancifolius	Dahdouh-Guebas，2022
	Laguncularia racemosa	Duke，2017；Dahdouh-Guebas，2022
	Lumnitzera × rosea	Dahdouh-Guebas，2022
	Lumnitzera littorea	Dahdouh-Guebas，2022
	Lumnitzera racemosa	Dahdouh-Guebas，2022

续表

科名	种名	参考文献	
大戟科 Euphorbiaceae	*Excoecaria agallocha*	Dahdouh-Guebas，2022	
	Excoecaria agallocha subsp. *agallocha*	Dahdouh-Guebas，2022	
	Excoecaria agallocha subsp. *ovalis*	Dahdouh-Guebas，2022	
	Shirakiopsis indica	Dahdouh-Guebas，2022	
千屈菜科 Lythraceae	*Pemphis acidula*	Dahdouh-Guebas，2022	
	Sonneratia × gulngai	Dahdouh-Guebas，2022	
	Sonneratia × hainanensis	Dahdouh-Guebas，2022	
	Sonneratia × urama	Dahdouh-Guebas，2022	
	Sonneratia alba	Dahdouh-Guebas，2022	
	Sonneratia apetala	Dahdouh-Guebas，2022	
	Sonneratia caseolaris	Dahdouh-Guebas，2022	
	Sonneratia griffithii	Dahdouh-Guebas，2022	
	Sonneratia lanceolata	Dahdouh-Guebas，2022	
	Sonneratia ovata	Dahdouh-Guebas，2022	
锦葵科 Malvaceae	*Camptostemon aruensis*	Dahdouh-Guebas，2022	
	Camptostemon philippinensis	Dahdouh-Guebas，2022	
	Camptostemon schultzii	Dahdouh-Guebas，2022	
	Heritiera fomes	Dahdouh-Guebas，2022	
	Heritiera globosa	Dahdouh-Guebas，2022	
	Heritiera kanikensis	Dahdouh-Guebas，2022	
	Heritiera littoralis	Dahdouh-Guebas，2022	
	Heritiera macroptera	Dahdouh-Guebas，2022	
楝科 Meliaceae	*Aglaia cucullata*	Meepol et al.，2020	
	Xylocarpus granatum	Dahdouh-Guebas，2022	
	Xylocarpus moluccensis	Dahdouh-Guebas，2022	
	Xylocarpus rumphii	Dahdouh-Guebas，2022	
桃金娘科 Myrtaceae	*Osbornia octodonta*	Duke，2017；Dahdouh-Guebas，2022	
白花丹科 Plumbaginaceae	*Aegialitis annulata*	Duke，2017；Dahdouh-Guebas，2022	
	Aegialitis rotundifolia	Duke，2017；Dahdouh-Guebas，2022	

续表

科名	种名	参考文献
报春花科 Primulaceae	*Aegiceras corniculatum*	Duke，2017；Dahdouh-Guebas，2022
	Aegiceras floridum	Duke，2017；Dahdouh-Guebas，2022
红树科 Rhizophoraceae	*Bruguiera × dungarra*	Dahdouh-Guebas，2022
	Bruguiera × hainesii	Dahdouh-Guebas，2022
	Bruguiera × rhynchopetala	Duke and Ge，2011
	Bruguiera cylindrica	Duke，2017；Dahdouh-Guebas，2022
	Bruguiera exaristata	Duke，2017；Dahdouh-Guebas，2022
	Bruguiera gymnorrhiza	Duke，2017；Dahdouh-Guebas，2022
	Bruguiera parviflora	Duke，2017；Dahdouh-Guebas，2022
	Bruguiera sexangula	Duke，2017
	Bruguiera sexangula var. *rhynchopetala*	潘文等，2005
	Ceriops australis	Duke，2017；Dahdouh-Guebas，2022
	Ceriops decandra	Duke，2017；Dahdouh-Guebas，2022
	Ceriops pseudodecandra	Duke，2017；Dahdouh-Guebas，2022
	Ceriops tagal	Duke，2017；Dahdouh-Guebas，2022
	Ceriops zippeliana	Duke，2017；Dahdouh-Guebas，2022
	Kandelia candel	Duke，2017；Dahdouh-Guebas，2022
	Kandelia obovata	Duke，2017；Dahdouh-Guebas，2022
	Rhizophora × annamalayana	Duke，2017；Dahdouh-Guebas，2022
	Rhizophora × harrisonii	Duke，2017；Dahdouh-Guebas，2022
	Rhizophora × lamarckii	Duke，2017；Dahdouh-Guebas，2022
	Rhizophora × mohanii	Ragavan et al.，2015
	Rhizophora × selala	Duke，2017；Dahdouh-Guebas，2022
	Rhizophora × tomlinsonii	Duke，2010，2017；Dahdouh-Guebas，2022
	Rhizophora apiculata	Duke，2017；Dahdouh-Guebas，2022
	Rhizophora mangle	Duke，2017；Dahdouh-Guebas，2022
	Rhizophora mucronata	Duke，2017；Dahdouh-Guebas，2022
	Rhizophora racemosa	Duke，2017；Dahdouh-Guebas，2022
	Rhizophora samoensis	Duke，2017；Dahdouh-Guebas，2022
	Rhizophora stylosa	Duke，2017；Dahdouh-Guebas，2022

续表

科名	种名	参考文献	
茜草科 Rubiaceae	*Scyphiphora hydrophyllacea*	Duke，2017；Dahdouh-Guebas，2022	
四贵木科 Tetrameristaceae	*Pelliciera rhizophorae*	Duke，2017；Dahdouh-Guebas，2022	

二、真红树植物的分类系统

真红树植物在五界和六界分类系统中分布于生命树的植物界。近来，学界已以原始色素体生物界 Archaeplastida 作为植物界（Simpson and Roger，2004；Burki et al.，2020）。本书依据植物科学数据中心（https://www.plantplus.cn/cn）采用的被子植物分类系统第四版（APG Ⅳ 系统）和秦仁昌蕨类植物分类系统，提出真红树植物分类系统（表 4-2），全球真红树植物隶属于 2 门 2 纲 10 目 14 科。

表 4-2　真红树植物门、纲、目和科的分类系统

拉丁名	中文名	
1. Phylum Pteridophyta	蕨类植物门	
Class Leptosporangiopsida	薄囊蕨纲	
Order Polypodiales	水龙骨目	
Family Pteridaceae	凤尾蕨科	
2. Phylum Angiospermae	被子植物门	
Class Magnoliopsida	木兰纲	
Order Arecales	棕榈目	
Family Arecaceae	棕榈科	
Order Malpighiales	金虎尾目	
Family Euphorbiaceae	大戟科	
Family Rhizophoraceae	红树科	
Order Myrtales	桃金娘目	
Family Combretaceae	使君子科	
Family Lythraceae	千屈菜科	
Family Myrtaceae	桃金娘科	
Order Sapindales	无患子目	
Family Meliaceae	楝科	
Order Malvales	锦葵目	
Family Malvaceae	锦葵科	

续表

拉丁名	中文名
Order Caryophyllales	石竹目
Family Plumbaginaceae	白花丹科
Order Ericales	杜鹃花目
Family Primulaceae	报春花科
Family Tetrameristaceae	四贵木科
Order Gentianales	龙胆目
Family Rubiaceae	茜草科
Order Lamiales	唇形目
Family Acanthaceae	爵床科

三、红树植物的分布

全球的红树植物分为两个分布中心类群：一个是西方中心类群（即新大陆），另一个是东方中心类群（即旧大陆）。西方中心类群主要分布于热带美洲东西沿岸及西印度群岛，北可达佛罗里达半岛，南至巴西，经大西洋至非洲西岸。东方中心类群以苏门答腊岛和马来半岛西岸为中心，较前者分布更广，种类更丰富。东方中心类群又可分为三支：第一支为孟加拉湾—印度—斯里兰卡—阿拉伯半岛到非洲东岸，包括马达加斯加；第二支向南，为澳大利亚、新西兰沿岸；第三支包括印度尼西亚各岛沿岸—菲律宾—中南半岛和中国。由于受黑潮的影响，红树植物一直可分布到日本九州。近来的研究表明，两个中心类群的交界区位于西南太平洋的新喀里多尼亚岛（Duke，2010）

据 Hamilton 和 Snedaker（1984）报道，全球红树林总面积约 2200 万 hm^2。全球有 22 个国家红树植物的面积不低于 20 万 hm^2（表 4-3）。

表 4-3　部分国家的红树林面积　　　　　　　（单位：hm^2）

序号	国家	红树林面积
1	巴西	2 500 000
2	印度尼西亚	2 176 217
3	澳大利亚	1 161 700
4	尼日利亚	973 000
5	委内瑞拉	673 600
6	墨西哥	660 000
7	马来西亚	652 219
8	缅甸	517 000

续表

序号	国家		红树林面积	
9	塞内加尔		500 000	
10	巴拿马		486 000	
11	哥伦比亚		440 000	
12	孟加拉国		417 013	
13	巴布亚新几内亚		411 600	
14	印度		356 500	
15	马达加斯加		320 700	
16	越南		286 400	
17	加蓬		250 000	
18	巴基斯坦		249 489	
19	菲律宾		246 699	
20	厄瓜多尔		215 852	
21	美国		205 000	
22	喀麦隆		200 000	
合计			13 898 989	

资料来源：Lin 和 Fu（1995）；Hamilton 和 Snedaker（1984）

第二节　中国红树植物的种类与分布

一、中国真红树植物的种类与分布

　　林鹏（2001）报道了中国真红树植物 12 科 27 种和 1 变种，其中厦门老鼠簕 *Acanthus xiamenensis* 是老鼠簕 *Acanthus ilicifolius* 的异名（World Register of Marine Species）；拟海桑为杯萼海桑 *Sonneratia alba* 和海桑 *Sonneratia caseolaris* 的杂交种，被归并入 *Sonneratia × gulngai*；海南海桑为杯萼海桑和卵叶海桑 *Sonneratia ovata* 的杂交种，新名称为 *Sonneratia × hainanensis*（王瑞江等，1999；植物科学数据中心）；海榄雌 *Avicennia marina* 的中文名为白骨壤，隶属爵床科 Acanthaceae（植物科学数据中心；World Register of Marine Species）。2017 年，红树 *Rhizophora apiculata* 和红海榄 *Rhizophora stylosa* 的天然杂交种拉氏红树 *Rhizophora × lamarckii* 在中国首次记录（罗柳青等，2017）。千屈菜科 Lythraceae 的水芫花 *Pemphis acidula* 为真红树（Dahdouh-Guebas，2022）。至此，中国已记录自然真红树植物 11 科 29 种（包括杂交种和变种），种类名录见表 4-4。目前，尖瓣海莲 *Bruguiera sexangula* var. *rhynchopetala* 是否为有效种尚在讨论（The Plant List）。

表 4-4 中国的真红树植物及其分布

种类	分布							
	海南	广东	广西	台湾	香港	澳门	福建	浙江
凤尾蕨科 Pteridaceae								
卤蕨 *Acrostichum aureum*	+	+	+	+	+	+	+	
尖叶卤蕨 *Acrostichum speciosum*	+							
楝科 Meliaceae								
木果楝 *Xylocarpus granatum*	+							
大戟科 Euphorbiaceae								
海漆 *Excoecaria agallocha*	+	+	+	+	+		+	
千屈菜科 Lythraceae								
水芫花 *Pemphis acidula*	+			+				
杯萼海桑 *Sonneratia alba*	+							
海桑 *Sonneratia caseolaris*	+	+						
海南海桑 *Sonneratia × hainanensis*	+							
卵叶海桑 *Sonneratia ovata*	+							
无瓣海桑 *Sonneratia apetala*	+	+					+	
拟海桑 *Sonneratia × gulngai*	+							
锦葵科 Malvaceae								
银叶树 *Heritiera littoralis*	+	+	+	+	+		+	
红树科 Rhizophoraceae								
木榄 *Bruguiera gymnorrhiza*	+	+	+	+	+		+	
柱果木榄 *Bruguiera cylindrica*	+							
海莲 *Bruguiera sexangula*	+	+					+	
尖瓣海莲 *Bruguiera sexangula* var. *rhynchopetala*	+	+					+	
角果木 *Ceriops tagal*	+	+	+	+				
秋茄树 *Kandelia obovata*	+	+	+	+	+	+	+	（+）
红树 *Rhizophora apiculata*	+							
红海榄 *Rhizophora stylosa*	+	+	+	+	+			
拉氏红树 *Rhizophora × lamarckii*	+							
使君子科 Combretaceae								
红榄李 *Lumnitzera littorea*	+							

续表

种类	分布							
	海南	广东	广西	台湾	香港	澳门	福建	浙江
榄李 *Lumnitzera racemosa*	+	+	+	+	+		+	
报春花科 Primulaceae								
蜡烛果 *Aegiceras corniculatum*	+	+	+		+	+	+	
爵床科 Acanthaceae								
海榄雌 *Avicennia marina*	+	+	+	+	+	+		
小花老鼠簕 *Acanthus ebracteatus*	+	+	+					
老鼠簕 *Acanthus ilicifolius*	+	+			+	+	+	
茜草科 Rubiaceae								
瓶花木 *Scyphiphora hydrophyllacea*	+							
棕榈科 Arecaceae								
水椰 *Nypa fruticans*	+							

注：秋茄树从福建移植到浙江南部已获成功

"+"表示有分布

二、中国半红树植物的种类与分布

林鹏（2001）报道了中国半红树植物 9 科 11 种，由于千屈菜科 Lythraceae 的水芫花 *Pemphis acidula* 为真红树（Dahdouh-Guebas，2022），目前，中国已记录的半红树植物有 8 科 10 种（表 4-5）。

表 4-5　中国的半红树植物及其分布

	海南	广东	广西	台湾	香港	澳门	福建	浙江
莲叶桐科 Hernandiaceae								
莲叶桐 *Hernandia nymphaeifolia*	+							
豆科 Fabaceae								
水黄皮 *Pongamia pinnata*	+	+	+	+	+			
锦葵科 Malvaceae								
黄槿 *Talipariti tiliaceum*	+	+	+	+	+		+	
桐棉 *Thespesia populnea*	+	+	+	+	+		+	
玉蕊科 Lecythidaceae								
玉蕊 *Barringtonia racemosa*	+			+				

续表

	海南	广东	广西	台湾	香港	澳门	福建	浙江
夹竹桃科 Apocynaceae								
海杧果 *Cerbera manghas*	+	+	+	+	+	+		
唇形科 Lamiaceae								
苦郎树 *Volkameria inermis*	+	+	+	+	+	+		
伞序臭黄荆 *Premna serratifolia*	+	+	+	+				
紫葳科 Bignoniaceae								
大叶猫尾木 *Dolichandrone spathacea*	+	+						
菊科 Asteraceae								
阔苞菊 *Pluchea indica*	+	+	+	+		+		

"+"表示有分布

三、国外引进的红树植物的种类与分布

自 1985 年来，我国分别从孟加拉国、澳大利亚和墨西哥引进了无瓣海桑、澳洲海榄雌、美洲红树等 11 种红树植物，其中无瓣海桑在海南东寨港、广东和福建龙海浮宫开花、结果、繁殖后代。这表明无瓣海桑已成为在海南、广东和福建驯化的外来种，其他引进的 10 种红树植物，有些种也能开花结果（表 4-6）（廖宝文等，2006）。

表 4-6　从国外引进的红树植物

种名	原产地	引进年份	现状
无瓣海桑 *Sonneratia apetala*	孟加拉国	1985	在海南、广东、福建繁殖
澳洲海榄雌 *Avicennia marina* var. *australasica*	澳大利亚	1998	未开花
小花木榄 *Bruguiera parviflora*	澳大利亚	1998	小量开花，结果
红茄苳 *Rhizophora mucronata*	澳大利亚	1998	小量开花，结果
湄公河木果楝 *Xylocarpus moluccensis*	澳大利亚	1998	未开花
十蕊角果木 *Ceriops decandra*	澳大利亚	1998	未开花
紫条木 *Aegialitis annulata*	澳大利亚	1998	开花，结果
对叶榄李 *Laguncularia racemosa*	澳大利亚	1998	开花，结果
黑海榄雌 *Avicennia germinans*	澳大利亚	1998	未开花
美洲红树 *Rhizophora mangle*	墨西哥	1999	开花
榄果木 *Conocarpus erectus*	墨西哥	1999	开花，结果

资料来源：廖宝文等（2006）

第三节　中国红树林的面积

1980 年中国红树林面积为 6.700 万 hm²，1995 年为 1.780 万 hm²（Valiela et al.，2001）。2002 年国家林业局森林资源管理司的《全国红树林资源调查报告》表明，中国 2001 年的红树林面积为 22 639hm²，并且绝大部分为天然林，其中福建、广东、广西和海南共 22 025hm²，台湾 287hm²，香港 263hm²，澳门 64hm²。根据《中国海洋统计年鉴 2013》（国家海洋局，2014），中国红树林面积约 22 302.9hm²，未成林面积约 1884.1hm²，广东的红树林面积最大[（9084.0+981.3）hm²]（表 4-7），然后是广西和海南，浙江移植秋茄树成功，面积为 20.6hm²。随着保护意识加强，修复力度加大，2019 年中国红树林面积增至 2.9 万 hm²。中国红树林的面积虽仅为世界红树林面积的 0.2%（Valiela et al.，2001），但中国红树林从福建至海南都有分布，纵跨近 9 个纬度。目前，中国的红树林绝大部分为次生林，只有约 8% 的红树林基本上处于原始状态。

表 4-7　中国红树林的面积　　　　　　　　　　　　　　　　（单位：hm²）

省（区）	现有面积	未成林面积	
海南	3 930.3		
广西	8 374.9	380.3	
广东	9 084.0	981.3	
福建	615.1	286.4	
浙江	20.6	236.1	
台湾	278.0		
总计	22 302.9	1 884.1	

资料来源：台湾红树林面积来自王文卿和王瑁（2007），其他来自《中国海洋统计年鉴 2013》

第四节　中国红树林的分布及其特点

我国红树林天然分布在海南三亚至福建福鼎，包括广西、广东、香港、澳门、福建、台湾西岸和海南，人工种植的北界至浙江乐清湾。我国沿岸从北往南，红树植物种数不断增加，优势种为海榄雌、桐花树 *Parmentiera cerifera* 和秋茄树。海南岛红树植物的种类最多，达 20 科 38 种和 1 变种（林鹏，2001；罗柳青等，2017；植物科学数据中心；World Register of Marine Species），我国已记录的红树植物在海南岛都有分布，其中木果楝 *Xylocarpus granatum*、杯萼海桑 *Sonneratia alba*、海南海桑 *Sonneratia* × *hainanensis*、卵叶海桑 *Sonneratia ovata*、拟海桑 *Sonneratia* × *gulngai*、柱果木榄 *Bruguiera cylindrica*、红树 *Rhizophora apiculata*、拉氏红树 *Rhizophora* × *lamarckii*、红榄李 *Lumnitzera littorea*、瓶花木 *Scyphiphora hydrophyllacea*、水椰

Nypa fruticans、尖叶卤蕨 *Acrostichum speciosum* 和莲叶桐 *Hernandia nymphaeifolia* 等仅记录于海南。台湾的红树植物仅分布在台湾西岸，自最北的台北淡水河口至最南的大鹏湾有 24 处成片的红树林（Huang et al.，1998）。表 4-8 列出了我国 18 处红树林主要分布区。

表 4-8　中国 18 处红树林主要分布区　　　　　　　　（单位：hm²）

林区		面积	要点
海南	东寨港	1733.0	有国内所有的红树植物，还从国外引进 10 多种，是国家级自然保护区
	清澜港	1223.3	除榄李外，国内其他红树植物齐全，拥有全国最高大的红树林
	铁炉港	4.0	国内榄李、红榄李、木果楝、海莲、木榄最大个体都有
	三亚河	14.0	穿越三亚市区的海岸红树林
	新英港	133.0	海南西岸大面积以红海榄为主的红树林
广东	深圳福田	111.0	紧邻深圳市区的红树林，滩涂污染严重，是国家级自然保护区
	湛江	7256.5	最大的国家级自然保护区，有古老的海榄雌林、大面积的木榄林和红海榄林
香港米埔等		380.0	香港诸多红树林区中面积最大，受世界自然基金会（WWF）管理
广西	山口	730.0	有连片的红海榄和高大的木榄，是国家级自然保护区
	钦州湾	3057.3	国内面积最大的岛群红树林，主要种为桐花树、海榄雌和秋茄树
	大冠沙	67.0	典型的沙生红树林，海榄雌纯林
	北仑河口	1131.3	以海榄雌为主的中越边境红树林，是国家级自然保护区
福建	漳江口	117.9	优势种为海榄雌、桐花树和秋茄树，是国家级自然保护区
	九龙江口	110.0	种植的秋茄树生长最好，尚有海榄雌、桐花树和老鼠簕
	泉州湾	453.2	优势种为桐花树和海榄雌，尚有大面积秋茄树
	福鼎沙堤	7.0	中国红树植物（秋茄树）天然分布北界
浙江乐清湾		0.2	中国红树植物（秋茄树）人工移植北界
台湾台北淡水河口		69.0	台湾西岸红树林（秋茄树）分布最北，面积最大

第五章

中国红树林区的物种多样性

　　海陆交汇的红树林区增加了可利用的栖息地生态位，既是各类水生和陆生生物的栖息地，又是许多陆生无脊椎生物和脊椎生物的"家"，许多候鸟将红树林作为越冬和迁徙路线上的栖息地（IUCN，2022；Kirby et al.，2008）。在东南亚（印度尼西亚、马来西亚、菲律宾和新加坡），有的哺乳类、爬行类、鸟类和两栖类，以红树林为索饵场或保育场（Low et al.，1994）。依据生物在红树林区出现的空间范围，可将红树林区栖息地分为红树植物（植株）、红树林区滩涂和潮沟等类型的二级栖息地（生境）。

第一节　红树林植株上的生物

一、主要种类

　　红树林植株上常见的软体动物、甲壳动物和鱼有 37 种，最主要的是藤壶（白条地藤壶 *Euraphia withersi*、白脊管藤壶 *Fistulobalanus albicostatus*）和牡蛎（角巨牡蛎 *Crassostrea angulata*、多刺牡蛎 *Saccostrea echinata*），黑荞麦蛤 *Xenostrobus atrata* 也较多（表 5-1）。

表 5-1　中国红树植物植株上的生物

物种	分布			栖息习性	
	海南东寨港	广东深圳福田	福建厦门九龙江口	固着或钻孔	爬行
软体动物门 Mollusca					
黑荞麦蛤 *Xenostrobus atrata*	+	+	+	√	
难解不等蛤 *Enigmonia aenigmatica*	+	+	+	√	
中国不等蛤 *Anomia chinensis*	+	+	+	√	
角巨牡蛎 *Crassostrea angulata*	+	+	+	√	
多刺牡蛎 *Saccostrea echinata*	+	+	+	√	
变化短齿蛤 *Brachidontes variabilis*	+	+	+	√	
裂铠船蛆 *Teredo mannii*	+	+	+	√	
船蛆 *Teredo navalis*	+	+	+	√	
脊节铠船蛆 *Bankia carinata*	+	+	+	√	
密节铠船蛆 *Bankia saulii*	+	+	+	√	

续表

物种	分布			栖息习性	
	海南东寨港	广东深圳福田	福建厦门九龙江口	固着或钻孔	爬行
单齿螺 *Monodonta labio*	+	+	+		√
黑线蜒螺 *Nerita lineata*		+	+		√
齿纹蜒螺 *Nerita yoldi*	+	+	+		√
玛瑙蜒螺 *Nerita achatina*	+	+	+		√
紫游螺 *Neripteron violaceum*	+	+	+		√
黑口拟滨螺 *Littoraria melanostoma*	+	+	+		√
浅黄拟滨螺 *Littoraria pallescens*		+	+		√
粗糙拟滨螺 *Littoraria scabra*	+	+	+		√
中间拟滨螺 *Littoraria intermedia*	+	+	+		√
蛎敌荔枝螺 *Indothais gradata*	+	+	+		√
石磺 *Onchidium verruculatum*	+	+	+		√
环带异耳螺 *Allochroa layardi*		+	+		√
核冠耳螺 *Cassidula nucleus*		+	+		√
米氏耳螺 *Ellobium aurismidae*		+	+		√
中国耳螺 *Ellobium chinensis*		+	+		√
三角女教士螺 *Pythia trigona*		+	+		√
甲壳纲 Crustacea					
白条地藤壶 *Euraphia withersi*	+	+	+	√	
马来小藤壶 *Chthamalus malayensis*	+	+	+	√	
纹藤壶 *Balanus amphitrite*	+	+	+	√	
白脊管藤壶 *Fistulobalanus albicostatus*	+	+	+	√	
泥管藤壶 *Fistulobalanus kondakovi*	+	+	+	√	
红树藤壶 *Balanus rhizophorae*		+		√	
红树纹藤壶 *Amphibalanus rhizophorae*		+		√	
光背团水虱 *Sphaeroma retrolaeve*	+	+	+	√	
海蟑螂 *Ligia exotica*	+	+	+		√
大眼蟹 *Macrophthalmus* sp.	+	+	+		√
鱼类 Pisces					
弹涂鱼 *Periophthalmus modestus*	+	+	+		√

"+"表示有分布；"√"表示栖息习性

二、栖息习性

红树林植株上的生物主要营固着生活、爬行生活和钻孔生活。以固着生活的藤壶和牡蛎最为主要，黑荞麦蛤用足丝附着在藤壶或牡蛎死壳或壳隙间，有时数量也很大。营爬行生活的主要是软体动物门腹足纲蜒螺类、滨螺类和耳螺类，它们用腹足在树干上爬行和摄食，种类多，数量不大。甲壳类的海蟑螂能快速在树干上爬动。船蛆 *Teredo navalis* 在红树基部和根部钻孔穴居，营滤食生活。

藤壶幼虫营浮游生活，腺介幼体（金星幼体）用触角在附着基质上（红树的枝干和叶片等）附着。固着的藤壶以蔓足进行滤食，因而水流畅通有利于其摄食。红树林靠海、靠外的植株上藤壶数量多；红树林向陆缘或红树林中部，没有或有很少藤壶。牡蛎等滤食性的双壳类也有类似情况。

三、危害

藤壶通常在红树林向海缘的树干、枝条上密集固着，甚至重叠附着，有些叶片表面也有藤壶附着。4～10 月是藤壶的繁殖季节，其间红树茎上和枝条上的藤壶，会影响红树植物的生长、发育，特别是新播种的苗木受害较为严重。

广西英罗港（湾内）和大冠沙（湾外）红树植物植株上的生物有 11 种，包括 3 种藤壶、角巨牡蛎、多刺牡蛎、黑荞麦蛤等 7 种软体动物，以及纵条矶海葵，其中藤壶、牡蛎和黑荞麦蛤是优势种。在开阔海岸的大冠沙海榄雌植株上有固着生物 10 种，而港湾内的英罗港同种植株上仅有 4 种。在英罗港潮沟，不同红树植物的固着生物种数为桐花树＞秋茄树＞红海榄＞海榄雌，附着厚度为桐花树＞秋茄树＞海榄雌＞红海榄，并且越靠近潮沟边缘和向海缘，动物的数量和个体越大。藤壶、牡蛎、黑荞麦蛤三者重叠覆盖在桐花树的枝茎上，形成 3～4m 厚的覆盖层。附着基粗糙、色泽深，则有利于动物的固着，如桐花树表皮呈褐黑色、密布微凸的皮孔，有利于动物附着，而海榄雌表皮呈灰白色、光滑，所以动物的附着较少（范航清等，1993a）。

第二节　红树林区滩涂的生物

红树林区潮间带的生物通常多于植株上的生物，但少于非红树林区潮间带的生物。红树林区的滩涂大多数是泥滩和泥沙滩，底质是酸性和缺氧而有别于非红树林区的滩涂。

一、红树林区滩涂的动物

中国红树林区滩涂已记录的动物有 323 种，隶属于纽形动物门、刺胞动物门、环节动物门（多毛纲、寡毛纲）、星虫动物门、软体动物门、节肢动物门、腕足动物门、棘皮动物门、脊索动物门（辐鳍鱼纲），其中环节动物门、软体动物门、节肢动物门、脊索动物门辐鳍鱼纲的种数较多，也较具有代表性。

环节动物门：栖息于滩涂的种都是营底内生活。多毛纲在红树林区滩涂已记录 75 种，主要的优势种有马氏独毛虫 *Tharyx marioni*、丝异须虫 *Heteromastus filiformis*、双齿围沙蚕 *Perinereis aibuhitensis*、寡鳃齿吻沙蚕 *Nephtys oligobranchia*、百带石缨虫 *Laonome albicingillum* 等。寡毛纲在红树林区滩涂已记录 6 种。

软体动物门：栖息在滩涂表面和底内。该门 7 纲中，双壳纲、腹足纲、掘足纲和头足纲在红树林区的滩涂都有记录，共 110 种，其中双壳纲和腹足纲的种类较多。

双壳纲营底内生活，以水管伸出滩涂表面滤食和排泄，在红树林区滩涂已记录 59 种，有些种的数量特别大，如泥蚶 *Tegillarca granosa*、棕栟毛蚶 *Didimacar tenebrica* 等蚶类，彩虹明樱蛤 *Moerella iridescens* 和江户明樱蛤 *Moerella jedoensis* 等樱蛤类，缢蛏 *Sinonovacula constricta* 等蛏类，以及中国绿螂 *Glauconome chinensis*。

腹足纲营底表爬行生活，在红树林区滩涂已记录 48 种。优势种有渔舟蜑螺 *Nerita albicilla* 等蜑螺类，短拟沼螺 *Assiminea brevicula* 等沼螺类，珠带拟蟹守螺 *Pirenella cingulata* 和红树拟蟹守螺 *Cerithidea rhizophorarum* 等蟹守螺类，以及纵带滩栖螺 *Batillaria zonalis* 等滩栖螺类。

节肢动物门：主要栖息在滩涂表面，在红树林区滩涂已记录 96 种，其中蟹类种数最多，数量也最大。长腕和尚蟹 *Mictyris longicarpus* 成群在滩面上活动，沙蟹科的痕掌沙蟹 *Ocypode stimpsoni*、弧边招潮 *Uca arcuata*、清白招潮 *Uca lactea* 等多种招潮在红树林区滩涂非常多，招潮与弹涂鱼等特别引人注目。每只招潮都各自挖一个穴洞，遇到情况或潮水淹没时爬进洞内。隆背大眼蟹 *Macrophthalmus convexus* 等多种大眼蟹也很常见。相手蟹科的米埔近相手蟹 *Perisesarma maipoensis*、双齿近相手蟹 *Perisesarma bidens*、红螯相手蟹 *Sesarma haematocheir* 等在红树林区滩涂也很多。许多蟹类主要觅食红树植物的落叶。

脊索动物门辐鳍鱼纲：辐鳍鱼纲的鱼在滩涂主要营底上生活，也有少数营底内生活，在红树林区滩涂已记录 22 种，主要是虾虎鱼科弹涂鱼 *Periophthalmus cantonensis*、青弹涂鱼 *Scartelaos viridis*。弹涂鱼适应于滩涂的水、陆两栖生活，甚至可以爬到红树植物的茎和气生根上，退潮时在滩涂上活动，与招潮共同形成红树林区滩涂的特有景观。

中国红树林区滩涂的动物见表 5-2。

表 5-2　中国红树林区滩涂的动物

物种	分布			
	福建厦门（九龙江口）	广东深圳	广西（英罗港）	台湾
纽形动物门 Nemertea				
椒斑岩田纽虫 *Iwatanemertes piperata*		+	+	
刺胞动物门 Cnidaria				
古斯塔沙箸海鳃 *Virgularia gustaviana*	+			
中国翼海鳃 *Pteroeides chinense*	+			
环节动物门 Annelida				

物种	分布			
	福建厦门（九龙江口）	广东深圳	广西（英罗港）	台湾
多毛纲 Polychaeta				
长锥虫 *Haploscoloplos elongates*	+			
双形拟单指虫 *Cossurella dimorpha*	+			
后稚虫 *Laonice cirrata*	+			
印度锤稚虫 *Malacoceros indicus*				+
奇异稚齿虫 *Paraprionospio pinnata*	+	+		
丝鳃稚齿虫 *Prionospio malmgreni*	+			
日本稚齿虫 *Prionospio japonica*				+
日本长手沙蚕 *Magelona japonica*	+			
尖叶长手沙蚕 *Magelona cincta*	+			
亚热带杂毛虫 *Poecilochaetus paratropicus*	+			
马氏独毛虫 *Tharyx marioni*	+	+		
背蚓虫 *Notomastus latericeus*	+			
拟异蚓虫 *Parheteromastus tenuis*	+			
丝异须虫 *Heteromastus filiformis*	+	+		
花冈钩毛虫 *Sigambra hanaokai*		+		
双小健足虫 *Micropodarke dubia*		+		
羽须鳃沙蚕 *Dendronereis pinnaticirris*	+			
双齿围沙蚕 *Perinereis aibuhitensis*	+			+
菱齿围沙蚕 *Perinereis rhombodonta*	+			
多齿围沙蚕 *Perinereis nuntia*	+			
东海沙蚕 *Nereis donghaiensis*	+			
腺带刺沙蚕 *Neanthes glandicincta*	+			
日本刺沙蚕 *Neanthes japonica*	+			
色斑刺沙蚕 *Neanthes maculata*	+			
多齿全刺沙蚕 *Nectoneanthes multignatha*	+			
全刺沙蚕 *Nectoneanthes oxypoda*	+	+	+	
软疣沙蚕 *Tylonereis bogoyawlenskyi*	+			
疣吻沙蚕 *Tylorrhynchus heterochaetus*	+			

续表

物种	分布			
	福建厦门（九龙江口）	广东深圳	广西（英罗港）	台湾
光突齿沙蚕 *Leonnates persica*	+			
红角沙蚕 *Ceratonereis erythraeensis*	+			
缅甸角沙蚕 *Ceratonereis burmensis*	+			
短须角沙蚕 *Ceratonereis costae*	+			
日本角沙蚕 *Ceratonereis japonica*	+			
中锐吻沙蚕 *Glycera rouxii*	+			
长吻沙蚕 *Glycera chirori*	+			
白色吻沙蚕 *Glycera alba*	+			
角吻沙蚕 *Goniada emerita*	+			+
色斑角吻沙蚕 *Goniada maculata*	+			
双鳃内卷齿蚕 *Aglaophamus dibranchis*	+			
暖湿内卷齿蚕 *Aglaophamus tepens*	+			
中华内卷齿蚕 *Aglaophamus sinensis*	+			
单叶沙蚕 *Namalycastis abiuma*		+		+
东球须微齿吻沙蚕 *Micronephtys sphaerocirrata orientalis*		+		
加氏无疣齿吻沙蚕 *Inermonephtys gallardi*	+			
无疣齿吻沙蚕 *Inermonephtys inermis*	+			
寡鳃齿吻沙蚕 *Nephtys oligobranchia*	+	+		
多鳃齿吻沙蚕 *Nephtys polybranchus*	+			
加州齿吻沙蚕 *Nephtys californiensis*		+		
拟特须虫 *Paralacydonia paradoxa*		+		
含糊拟刺虫 *Linopherus ambiqua*	+			
边鳃拟刺虫 *Linopherus paucibranchiata*	+			
小瘤犹帝虫 *Eurythoe parvecarunculata*	+			
特矶沙蚕 *Euniphysa aculeata*	+			
岩虫 *Marphysa sanguinea*	+	+		
新三齿巢沙蚕 *Diopatra neotridens*	+			+
杂色巢沙蚕 *Diopatra variabilis*	+			

续表

物种	分布			
	福建厦门（九龙江口）	广东深圳	广西（英罗港）	台湾
福建欧努菲虫 *Onuphis fujianensis*	+			
欧努菲虫 *Onuphis eremita*	+			
双唇索沙蚕 *Lumbrineris cruzensis*	+			
短叶索沙蚕 *Lumbrineris latreilli*	+			
异足索沙蚕 *Lumbrineris heteropoda*	+			
四索沙蚕 *Lumbrineris tetraura*	+			
丝线沙蚕 *Drilonereis filum*	+			
不倒翁虫 *Sternaspis sculata*	+			
欧文虫 *Owenia fusiformis*	+			
似帚毛虫 *Lygdamis indicus*	+			
小头虫 *Capitella capitata*	+	+		+
米列虫 *Melinna cristata*	+			
等栉虫 *Isolda pulchella*	+			
细丝鳃虫 *Cirratulus filiformis*	+			
拟突齿沙蚕 *Paraleonnates uschakovi*	+			
百带石缨虫 *Laonome albicingillum*	+			+
粗毛光缨虫 *Sabellastarte zebuensis*	+			
尖刺缨虫 *Potamilla acuminata*		+		+
寡毛纲 Oligochaeta				
沿岸拟仙女虫 *Paranais litoralis*				+
体小单孔蚓 *Monopylephorus parvus*				+
浅绛单孔蚓 *Monopylephorus rubroniveus*				+
淡水单孔蚓 *Monopylephorus limosus*				+
柔弱膨管蚓 *Doliodrilus tener*				+
霍氏颤蚓 *Limnodrilus hoffmeisteri*				+
星虫动物门 Sipuncula				
裸体方格星虫 *Sipunculus nudus*	+		+	
弓形革囊星虫 *Phascolosoma arcuatum*	+		+	
软体动物门 Mollusca				

续表

物种	分布			
	福建厦门（九龙江口）	广东深圳	广西（英罗港）	台湾
豆形胡桃蛤 *Nucula faba*	+			
橄榄胡桃蛤 *Nucula tenuis*			+	
薄云母蛤 *Yoldia similis*	+			
泥蚶 *Tegillarca granosa*	+	+		+
结蚶 *Tegillarca nodifera*	+			
棕栉毛蚶 *Didimacar tenebrica*			+	
凸壳肌蛤 *Musculus senhous*	+			
平蛤蜊 *Mactra mera*	+			
椭圆异心蛤 *Heterocardia gibbasula*	+			
锈色朽叶蛤 *Coecella turgid*	+			
理蛤 *Theora lata*	+			
大阿布蛤 *Abrina magna*	+			
瑞氏紫云蛤 *Gari reevei*	+			
灯白樱蛤 *Macoma lucerna*	+			
截形白樱蛤 *Macoma praerupta*	+			
彩虹明樱蛤 *Moerella iridescens*	+			
江户明樱蛤 *Moerella jedoensis*			+	+
红明樱蛤 *Moerella rutila*	+			+
小亮樱蛤 *Nitidotellina minuta*	+			
亮樱蛤 *Nitidotellina dunkeri*	+			
拟衣韩瑞蛤 *Hanleyanus vestalioides*	+			
衣韩瑞蛤 *Hanleyanus vestalis*	+			
斯氏小樱蛤 *Tellinella spengleri*	+			
散纹小樱蛤 *Tellinella virgata*	+			
密纹满月蛤 *Lucina dalli*			+	
中国仙女蛤 *Callista chinensis*			+	
高镜蛤 *Dosinia altior*			+	
薄片镜蛤 *Dosinia laminata*			+	
海月 *Placuna placenta*				+

续表

物种	分布			
	福建厦门（九龙江口）	广东深圳	广西（英罗港）	台湾
透明美丽蛤 *Merisca diaphana*	+	+		
编织美丽蛤 *Merisca perplexa*	+			
枕蛤 *Pulvinus micans*	+			
小荚蛏 *Siliqua minima*			+	
大竹蛏 *Solen grandis*			+	
缢蛏 *Sinonovacula constricta*	+	+	+	
尖刀蛏 *Cultellus scalprum*	+			
尖齿灯塔蛏 *Pharella acutidens*	+			
亚光棱蛤 *Trapezium sublaevigatum*				+
河蚬 *Corbicula fluminea*	+		+	
红树蚬 *Gelonia coaxans*	+		+	+
青蛤 *Cyclina sinensis*	+	+	+	+
日本镜蛤 *Dosinia japonica*	+			
刺镜蛤 *Dosinia aspera*	+			
射带镜蛤 *Dosinia troscheli*	+		+	
伊萨伯雪蛤 *Clausinella isabellina*	+		+	
美叶雪蛤 *Chione calophylla*	+			
鳞杓拿蛤 *Anomalodiscus squamosus*				+
丽文蛤 *Meretrix lusoria*	+		+	+
文蛤 *Meretrix meretrix*			+	
波纹巴非蛤 *Paphia undulata*	+			
菲律宾蛤仔 *Ruditapes philippinarum*	+			
中国绿螂 *Glauconome chinensis*	+	+	+	+
焦河篮蛤 *Potamocorbula ustulata*	+			
纹斑棱蛤 *Trapezium liratum*			+	
多粒开腹蛤 *Eufistulana grandis*	+			
渤海鸭嘴蛤 *Laternula marilina*	+			
鸭嘴蛤 *Laternula anatina*	+			
南海鸭嘴蛤 *Laternula nanhaiensis*			+	

物种	分布			
	福建厦门（九龙江口）	广东深圳	广西（英罗港）	台湾
渔舟蜒螺 *Nerita albicilla*	+		+	
齿纹蜒螺 *Nerita yoldi*	+	+		
锦蜒螺 *Nerita polita*	+			
奥莱彩螺 *Clithon oualaniensis*			+	
转色彩螺 *Clithon retropictus*				+
紫游螺 *Neritina violacea*		+		
光滑狭口螺 *Stenothyra glabra*	+	+		
褐鲁舍螺 *Rissolina plicatula*	+			
短拟沼螺 *Assiminea brevicula*	+			
绯拟沼螺 *Assiminea latericea*			+	
光拟沼螺 *Assiminea nitida*		+		
琵琶拟沼螺 *Assiminea lutea*				+
红树拟蟹守螺 *Cerithidea rhizophorarum*	+		+	+
彩拟蟹守螺 *Cerithidea ornata*	+			
小翼拟蟹守螺 *Cerithidea microptera*	+			
查加拟蟹守螺 *Cerithidea djadjariensis*		+		
珠带拟蟹守螺 *Pirenella cingulata*	+		+	+
纵带滩栖螺 *Batillaria zonalis*	+		+	
古氏滩栖螺 *Batillaria cumingi*	+			
多形滩栖螺 *Batillaria multiformis*	+			
日本棘梯螺 *Spiniscala japonica*	+			
尖高旋螺 *Acrilla acuminata*	+			
宽带梯螺 *Epitonium latifasciatum*	+			
马丽亚瓷光螺 *Eulima maria*	+			
双带瓷光螺 *Eulima bifascialis*	+			
脐孔褐带瓷螺 *Niso hizenensis*	+			
方斑玉螺 *Natica onca*	+			
浅黄玉螺 *Natica lurida*				+
斑玉螺 *Natica tigrina*	+			+

续表

物种	分布			
	福建厦门（九龙江口）	广东深圳	广西（英罗港）	台湾
蛎敌荔枝螺 *Indothais gradata*	+			
丽小笔螺 *Mitrella bella*	+			
红带织纹螺 *Nassarius succinctus*	+			
胆形织纹螺 *Nassarius thersites*			+	
钟织纹螺 *Nassarius bellulus*				+
秀丽织纹螺 *Nassarius festivus*				+
泥螺 *Bullacta exarata*	+		+	
婆罗囊螺 *Retusa borneensis*	+			
圆筒原盒螺 *Eocylichna braunsi*	+			
赛氏女教士螺 *Pythia cecillei*	+			
石磺 *Onchidium verruculatum*	+		+	
中国耳螺 *Ellobium chinensis*			+	
米氏耳螺 *Ellobium aurismidae*			+	
喇叭肋角贝 *Graptacme buccinulum*	+			
变肋角贝 *Dentalium octangulatum*	+			
节肢动物门 Arthropoda				
中国鲎 *Tachypleus tridentatus*			+	
圆尾蝎鲎 *Carcinoscorpius rotundicauda*			+	
尖突鹰爪虾 *Trachypenaeus sedili*			+	
刀额新对虾 *Metapenaeus ensis*			+	
叶齿鼓虾 *Alpheus lobidens*			+	
日本鼓虾 *Alpheus japonicus*			+	
双凹鼓虾 *Alpheus bisincisus*			+	
短脊鼓虾 *Alpheus brevicristatus*	+			
鲜明鼓虾 *Alpheus distinguendus*	+		+	
刺螯鼓虾 *Alpheus hoplocheles*	+		+	
脊尾白虾 *Exopalaemon carinicauda*			+	
东方长眼虾 *Ogyrides orientalis*	+			
泥虾 *Laomedia astacina*	+			

续表

物种	分布			
	福建厦门（九龙江口）	广东深圳	广西（英罗港）	台湾
大蝼蛄虾 *Upogebia major*	+			
绒毛细足蟹 *Raphidopus ciliatus*	+			
长螯活额寄居蟹 *Diogenes avarus*	+			
直螯活额寄居蟹 *Diogenes rectimanus*	+			
艾氏活额寄居蟹 *Diogenes edwardsii*	+			
兰绿细螯寄居蟹 *Clibanarius virescens*	+			
细螯寄居蟹 *Clibanarius clibanarius*			+	
日本五角蟹 *Nursia japonica*	+			
褶痕五角蟹 *Nursia plicata*	+			
中华五角蟹 *Nursia sinica*			+	
红线黎明蟹 *Matuta planipes*			+	
豆形拳蟹 *Philyra pisum*	+			
光滑异装蟹 *Heteropanope glabra*	+			
贪精武蟹 *Parapanope euagora*	+			
福建佘氏蟹 *Ser fukiensis*	+			
沟纹拟盲蟹 *Typhlocarcinops canaliculata*	+			
毛盲蟹 *Typhlocarcinus villosus*	+			
裸盲蟹 *Typhlocarcinus nudus*	+			
弯六足蟹 *Hexapus anfractus*	+			
豆形短眼蟹 *Xenophthalmus pinnotheroides*	+			
模糊新短眼蟹 *Neoxenophthalmus obscurus*	+			
莱氏异额蟹 *Anomalifrons lightana*	+			
特异扇蟹 *Xantho distinguendus*			+	
健全异毛蟹 *Heteropilumnus subinteger*			+	
雕刻真扇蟹 *Euxanthus exsculptus*			+	
长腕和尚蟹 *Mictyris longicarpus*	+		+	+
痕掌沙蟹 *Ocypode stimpsoni*	+			+
角眼沙蟹 *Ocypode ceratophthalmus*				+
清白招潮 *Uca lactea*	+		+	+

续表

物种	分布			
	福建厦门（九龙江口）	广东深圳	广西（英罗港）	台湾
凹指招潮 *Uca marionis*	+		+	
弧边招潮 *Uca arcuata*	+	+	+	+
屠氏招潮 *Uca dussumieri*	+		+	
粗腿招潮 *Uca crassipes*		+		+
北方招潮 *Uca borealis*				+
台湾招潮 *Uca formosensis*				+
隆背大眼蟹 *Macrophthalmus convexus*	+			+
万岁大眼蟹 *Macrophthalmus banzai*				
宽身大眼蟹 *Macrophthalmus dilatatum*	+			+
明秀大眼蟹 *Macrophthalmus definitus*	+			
悦目大眼蟹 *Macrophthalmus erato*	+		+	
日本大眼蟹 *Macrophthalmus japonicus*	+			
拉氏大眼蟹 *Macrophthalmus latreillei*		+		
异常沈氏蟹 *Shenius anomalus*	+			
六齿猴面蟹 *Camptandrium sexdentatum*	+		+	
长身猴面蟹 *Camptandrium elongatum*	+		+	
宽身闭口蟹 *Cleistostoma dilatatum*	+	+		
台湾泥蟹 *Ilyoplax formosensis*	+			+
淡水泥蟹 *Ilyoplax tansuiensis*	+			+
锯眼泥蟹 *Ilyoplax serrata*		+		
锯脚泥蟹 *Ilyoplax dentimerosa*	+	+		
拟曼赛因青蟹 *Scylla paramamosain*	+	+	+	+
角眼切腹蟹 *Tmethypocoelis ceratophora*	+			+
双扇鼓窗蟹 *Scopimera bitympana*	+			+
韦氏毛带蟹 *Dotilla wichmanni*	+			
狭颚绒螯蟹 *Eriocheir leptognathus*	+			
平背蜞 *Gaetice depressus*	+			
米埔近相手蟹 *Perisesarma maipoensis*		+		
双齿近相手蟹 *Perisesarma bidens*		+		

续表

物种	分布			
	福建厦门（九龙江口）	广东深圳	广西（英罗港）	台湾
绒螯近方蟹 *Hemigrapsus penicillatus*	+			
长指近方蟹 *Hemigrapsus longitarsis*			+	
肉球近方蟹 *Hemigrapsus sanguineus*	+			
秀丽长方蟹 *Metaplax elegans*	+			+
沈氏长方蟹 *Metaplax sheni*			+	
长足长方蟹 *Metaplax longipes*	+	+	+	
斑点拟相手蟹 *Sesarma pictum*	+			+
褶痕相手蟹 *Sesarma plicata*	+	+		+
小相手蟹 *Nanosesarma minutum*	+		+	
无齿相手蟹 *Sesarma dehaani*		+	+	+
红螯相手蟹 *Sesarma haematocheir*				+
中型相手蟹 *Sesarma intermedia*		+	+	
双齿相手蟹 *Sesarma bidens*			+	+
四齿大额蟹 *Metopograpsus quadridentatus*	+		+	
平分大额蟹 *Metopograpsus messor*			+	
隆背张口蟹 *Chasmagnathus convexus*				+
台湾厚蟹 *Helice formosensis*				+
伍氏厚蟹 *Helice wuana*				+
粗腿厚纹蟹 *Pachygrapsus crassipes*			+	
小眼绿虾蛄 *Clorida microphthalma*	+			
圆尾绿虾蛄 *Clorida rotundicauda*	+			
无刺口虾蛄 *Oratosquilla inornata*	+			
黑斑口虾蛄 *Oratosquilla kempi*	+		+	
口虾蛄 *Oratosquilla oratoria*	+	+	+	
日本猛虾蛄 *Harpiosquilla japonica*		+		
脊条褶虾蛄 *Lophosquilla costata*			+	
腕足动物门 Brachiopoda				
鸭嘴海豆芽 *Lingula anatina*	+		+	
棘皮动物门 Echinodermata				

续表

物种	分布			
	福建厦门（九龙江口）	广东深圳	广西（英罗港）	台湾
细五角瓜参 *Leptopentacta imbricata*	+			
棘刺锚参 *Protankyra bidentata*	+			
海地瓜 *Acaudina molpadioides*	+			
海棒槌 *Paracaudina chilensis*	+			
滩栖阳遂足 *Amphiura vadicola*	+			
粗棘阳遂足 *Amphiura pachybactra*	+			
光滑倍棘蛇尾 *Amphioplus laevis*	+			
洼颚倍棘蛇尾 *Amphioplus depressus*	+			
脊索动物门 Chordata				
辐鳍鱼纲 Actinopterygii				
中华须鳗 *Cirrhimuraena chinensis*	+			
长体鳝 *Thyrsoidea macrurus*	+			
杂食豆齿鳗 *Pisoodonophis boro*			+	
中华乌塘鳢 *Bostrychus sinensis*			+	
犬牙细棘虾虎鱼 *Acentrogobius caninus*	+			
绿斑细棘虾虎鱼 *Acentrogobius chlorostigmatoides*	+			
青斑细棘虾虎鱼 *Acentrogobius viridipunctatus*				+
裸项栉虾虎鱼 *Cheogobius gymnauchen*	+			
横带寡鳞虾虎鱼 *Oligolepis fasciatus*	+			
小鳞沟虾虎鱼 *Oxyurichthys microlepis*	+			
矛尾虾虎鱼 *Chaeturichthys stigmatias*	+			
矛尾复虾虎鱼 *Synechogobius hasta*	+			
斑尾复虾虎鱼 *Synechogobius ommaturus*	+			
弹涂鱼 *Periophthalmus cantonensis*	+	+	+	+
青弹涂鱼 *Scartelaos viridis*	+	+	+	
大弹涂鱼 *Boleophthalmus pectinirostris*			+	+
鲥形鳗虾虎鱼 *Taenioides anguillaris*	+			

物种	分布			
	福建厦门（九龙江口）	广东深圳	广西（英罗港）	台湾
须鳗虾虎鱼 *Taenioides cirratus*	+			
中华钝牙虾虎鱼 *Apocryptichthys sericus*	+			
中华栉孔虾虎鱼 *Ctenotrypauchen chinensis*	+			
短吻缰虾虎鱼 *Amoya brevirostris*			+	

资料来源：福建厦门（九龙江口），江锦祥（1989）；广东深圳，王伯荪等（2002）；广西（英罗港），韦受庆等（1993）；台湾，Huang 等（1998），略有删改

"+"表示有分布

二、红树林区滩涂的海藻和海草

红树林区滩涂除动物外，常见的尚有底栖硅藻、海藻和海草等，它们是生态系统中的生产者。

（一）海藻

刘维刚等（2001）对福建自北往南 3 个红树林区滩涂的海藻进行了调查，记录 30 种（表 5-3），隶属于蓝藻门、红藻门、绿藻门。蓝藻门按五界分类属原核生物界，本文暂将其归在海藻论述。蓝藻门有 14 种，其中颤藻属 *Oscillatoria* 共 5 种，颤藻贴附在泥滩上生长；席藻属 *Phormidium* 生长在泥滩的砂粒上，丝状群体与浒苔在外观上相似。红藻门仅 5 种，其中鹧鸪菜属 *Caloglossa* 数量较多。绿藻门有 11 种，其中浒苔属 *Enteromorpha* 的种类多、数量大。春季为浒苔繁殖季节，其附着在刚种植的红树植物苗木枝、干上，因生长极快，覆盖新种植物的树苗，影响树苗的成活率。

以硅藻为例，陈兴群（1989）在福建厦门九龙江口红树林区潮间带滩涂对硅藻进行了调查，记录硅藻 122 种，泥滩的优势种为小伪菱形藻双楔变种 *Pseudo-nitzschia sicula* var. *bicuneata*，数量常达 $10^4/cm^2$ 以上，其次为弯菱形藻、多枝舟形藻、温和圆筛藻、日本桥弯藻、膨胀桥弯藻、芽形双菱藻。泥沙和沙滩的优势种为双眉藻，数量达 $2×10^4 \sim 4×10^4/cm^2$。这表明硅藻的种类及数量和滩涂底质紧密相关。

范航清等（1993b）在广西山口英罗港和北海大冠沙的红树林区，从滩涂、潮沟土壤、红树干、腐叶等取得 29 个硅藻样品，鉴定出 156 种（表 5-4），隶属于 39 属，其中菱形藻属、舟形藻属、双壁藻属、双眉藻属、圆筛藻属都在 12 种以上，数量较多的是卵形藻属和曲壳藻属。

（二）海草

海草是生长于浅水区和潮间带低潮区的单子叶草本维管植物。至今仅见到黄勃等（2009）报道海南东寨港红树林区的海草，有单脉二药草 *Halodule uninervis* 和卵叶喜盐草 *Halophila ovalis* 2 种，总面积为 $100hm^2$，其中二药草约占 80%，喜盐草约占 20%，二药草从潮间带中潮区、

低潮区至 2m 深浅水区都有分布，喜盐草仅分布在浅水区。

表 5-3　福建 3 个红树林区滩涂的海藻

物种		分布		
		福鼎 鲨屿	九龙江口 草埔头	云霄 竹塔
蓝藻门 Cyanophyta				
球形皮果藻 *Dermocarpa sphaerica*			+	
膨胀色球藻 *Chroococcus turgidus*				+
圆胞束球藻 *Gomphosphaeria aponina*		+		
美丽颤藻 *Oscillatoria formosa*		+	+	+
清净颤藻 *Oscillatoria sancta*		+	+	
庞氏颤藻 *Oscillatoria bonnemaisonii*			+	
墨缘颤藻 *Oscillatoria nigroviridis*		+	+	+
弱细颤藻 *Oscillatoria tenuis*			+	
脆席藻 *Phormidium fragile*			+	+
纤细席藻 *Phormidium tenue*			+	+
近膜质席藻 *Phormidium submembranaceum*		+		+
中央席藻海生变种 *Phormidium naveanum* var. *marina*		+		
原型微鞘藻 *Microcoleus chthonoplastes*		+	+	+
半丰满鞘丝藻 *Lyngbya semiplena*		+		+
红藻门 Rhodophyta				
节附链藻 *Catenella impudica*			+	+
鹧鸪菜 *Caloglossa leprieurii*		+	+	+
侧枝鹧鸪菜 *Caloglossa ogasawaraensis*		+	+	+
贴生鹧鸪菜 *Caloglossa adnata*				+
混合卷枝藻 *Bostrychia mixta*			+	+
绿藻门 Chlorophyta				
土生绿球藻 *Chlorococcum humicola*		+		
礁膜 *Monostroma nitidum*		+		
扁浒苔 *Enteromorpha compressa*		+		+
肠浒苔 *Enteromorpha intestinalis*		+	+	
管浒苔 *Enteromorpha tubulosa*		+	+	

续表

物种	分布		
	福鼎 鲎屿	九龙江口 草埔头	云霄 竹塔
曲浒苔 *Enteromorpha flexuosa*	+	+	
浒苔 *Enteromorpha prolifera*	+		
大硬毛藻 *Chaetomorpha macrotona*	+	+	
错综根枝藻 *Rhizoclonium implexum*	+	+	+
岸生根枝藻 *Rhizoclonium riparium*	+		+
法囊藻 *Valonia aegagropila*			+

"+"表示有分布

表 5-4 福建厦门九龙江口内与广西英罗港和大冠沙红树林区的硅藻

物种	分布	
	福建厦门九龙江口内	广西英罗港和大冠沙
短柄曲壳藻 *Achnanthes brevipes*	+	+
短柄曲壳藻中间变种 *Achnanthes brevipes* var. *intermedia*	+	
短柄曲壳藻小型变种 *Achnanthes brevipes* var. *parvula*	+	
豪克曲壳藻 *Achnanthes hauckiana*		+
爪哇曲壳藻 *Achnanthes javanica*		+
东方曲壳藻 *Achnanthes orientalis*	+	
爱氏辐环藻 *Actinocyclus ehrenbergii*	+	+
爱氏辐环藻厚缘变种 *Actinocyclus ehrenbergii* var. *crassa*	+	
爱氏辐环藻优美变种 *Actinocyclus ehrenbergii* var. *tenella*	+	
环状辐裥藻 *Actinoptychus annulatus*	+	
三舌辐裥藻 *Actinoptychus trilingulatus*		+
波状辐裥藻 *Actinoptychus undulatus*	+	
橙红双肋藻 *Amphipleura rutilans*		+
狭窄双眉藻 *Amphora angusta*	+	+
咖啡形双眉藻 *Amphora coffeaeformis*	+	+
中肋双眉藻 *Amphora costata*	+	+
中肋双眉藻膨大变种 *Amphora costata* var. *inflata*	+	
厚双眉藻 *Amphora crassa*		+

续表

物种	分布	
	福建厦门九龙江口内	广西英罗港和大冠沙
简单双眉藻 *Amphora exigua*		+
巨大双眉藻 *Amphora gigantea*		+
墨西哥双眉藻 *Amphora mexicana*		+
微小双眉藻 *Amphora micrometra*		+
牡蛎双眉藻 *Amphora ostrearia*		+
牡蛎双眉藻透明变种 *Amphora ostrearia* var. *vitrea*		+
卵形双眉藻 *Amphora ovalis*		+
易变双眉藻 *Amphora proteus*		+
截端双眉藻 *Amphora terroris*		+
斑点眼纹藻 *Auliscus punctatus*		+
同突眼纹藻 *Auliscus sculptus*		+
美丽盒形藻 *Biddulphia pulchella*		+
网状盒形藻 *Biddulphia reticulata*		+
钝角盒形藻 *Biddulphia obtusa*	+	
短形美壁藻 *Caloneis brevis*		+
长形美壁藻 *Caloneis elongata*	+	+
布氏马鞍藻 *Campylodiscus brightwellii*	+	
异向卵形藻 *Cocconeis heteroidea*		+
羽状卵形藻 *Cocconeis pinnata*		+
盾卵形藻 *Cocconeis scutellum*		+
透明卵形藻 *Cocconeis pellucida*	+	
扁圆卵形藻 *Cocconeis placentula*	+	
扁圆卵形藻椭圆变种 *Cocconeis placentula* var. *euglypta*	+	
细条卵形藻 *Cocconeis tenuistriata*	+	
中心圆筛藻 *Coscinodiscus centralis*	+	+
偏心圆筛藻 *Coscinodiscus excentricus*	+	+
线形圆筛藻 *Coscinodiscus lineatus*	+	+
小型圆筛藻 *Coscinodiscus minor*	+	+
光亮圆筛藻 *Coscinodiscus nitidus*		+

物种	分布	
	福建厦门九龙江口内	广西英罗港和大冠沙
小眼圆筛藻 Coscinodiscus oculatus		+
虹彩圆筛藻 Coscinodiscus oculus		+
辐射圆筛藻 Coscinodiscus radiatus		+
微凹圆筛藻 Coscinodiscus subconcavus		+
细弱圆筛藻 Coscinodiscus subtilis	+	+
维廷圆筛藻 Coscinodiscus wittianus	+	+
非洲圆筛藻 Coscinodiscus africanus	+	
狭线形圆筛藻 Coscinodiscus anguste-lineatus	+	
舌形圆筛藻 Coscinodiscus blandus	+	
减小圆筛藻 Coscinodiscus decrescens	+	
银币圆筛藻 Coscinodiscus denarius	+	
六块圆筛藻 Coscinodiscus hexagonus	+	
库氏圆筛藻 Coscinodiscus kuetzingii	+	
具边线形圆筛藻 Coscinodiscus marginato-lineatus	+	
暗色圆筛藻 Coscinodiscus obscurus	+	
亚沟圆筛藻 Coscinodiscus subaulacodiscoidalis	+	
细弱圆筛藻 Coscinodiscus temperei	+	
隐秘小环藻 Cyclotella cryptica		+
条纹小环藻 Cyclotella striata		+
柱状小环藻 Cyclotella stylorum	+	+
扭曲小环藻 Cyclotella comta	+	
洛氏波纹藻 Cymatosira lorenziana	+	
威氏波形藻 Cymatotheca weissflogii		+
近缘桥弯藻 Cymbella affinis	+	
粗糙桥弯藻 Cymbella aspera	+	
日本桥弯藻 Cymbella japonica	+	
披针形桥弯藻 Cymbella lanceolata	+	
月形桥弯藻 Cymbella lunata	+	
膨胀桥弯藻 Cymbella tumida	+	

续表

物种	分布	
	福建厦门九龙江口内	广西英罗港和大冠沙
细弱细齿藻 *Denticula subtilis*		+
蜂腰双壁藻 *Diploneis bombus*	+	+
北方双壁藻 *Diploneis borealis*		+
马鞍双壁藻 *Diploneis campylodiscus*		+
查尔双壁藻 *Diploneis chersonensis*		+
黄蜂双壁藻 *Diploneis crabro*		+
黄蜂双壁藻可疑变型 *Diploneis crabro* f. *suspecta*	+	+
黄蜂双壁藻琴形变种 *Diploneis crabro* var. *pandura*	+	+
椭圆双壁藻 *Diploneis elliptica*		+
淡褐双壁藻 *Diploneis fusca*		+
格雷氏双壁藻 *Diploneis grundleri*		+
新西兰双壁藻 *Diploneis novaeseelandiae*		+
施密斯双壁藻 *Diploneis smithii*		+
华丽双壁藻 *Diploneis splendida*		+
近圆双壁藻 *Diploneis suborbicularis*		+
海氏窗纹藻 *Epithemia hynemanii*	+	
柔弱井字藻 *Eunotogramma debile*		+
平滑井字藻 *Eunotogramma laevis*		+
长端节肋缝藻 *Frustulia lewisiana*	+	+
海生斑条藻 *Grammatophora marina*	+	+
大洋斑条藻 *Grammatophora oceanica*		+
波罗的海布纹藻 *Gyrosigma balticum*		+
簇生布纹藻薄喙变种 *Gyrosigma fasciola* var. *tenuirostris*	+	
长尾布纹藻 *Gyrosigma macrum*	+	
结节布纹藻 *Gyrosigma nodiferum*	+	
特里布纹藻 *Gyrosigma terryanum*	+	
澳立布纹藻 *Gyrosigma wormleyi*	+	
直形布纹藻 *Gyrosigma rectum*		+
斯氏布纹藻 *Gyrosigma spencerii*	+	+

续表

物种	分布	
	福建厦门九龙江口内	广西英罗港和大冠沙
双尖菱板藻 *Hantzschia amphioxys*	+	
辐射明盘藻 *Hyalodiscus radiatus*		+
毕氏水链藻 *Hydrosera petitiana*		+
加利福尼亚楔形藻 *Licmophora californica*	+	
爱氏楔形藻 *Licmophora ehrenbergii*	+	+
海南胸隔藻 *Mastogloia hainanensis*		+
杰氏胸隔藻 *Mastogloia jelineckii*		+
胚珠胸隔藻 *Mastogloia ovulum*		+
佩氏胸隔藻 *Mastogloia peragalli*		+
菱形胸隔藻 *Mastogloia rhombus*		+
念珠直链藻 *Melosira moniliformis*		+
尤氏直链藻 *Melosira juergensii*		+
具槽直链藻 *Melosira sulcata*	+	+
截形舟形藻 *Navicula abrupta*		+
盲肠舟形藻 *Navicula caeca*		+
方格舟形藻 *Navicula cancellata*		+
盔状舟形藻 *Navicula corymbosa*		+
小头舟形藻 *Navicula cuspidate*		+
直舟形藻 *Navicula directa*	+	+
直舟形藻爪哇变种 *Navicula directa* var. *javanica*	+	
福建舟形藻 *Navicula fujianensis*	+	
长舟形藻 *Navicula longa*	+	
柔软舟形藻 *Navicula mollis*	+	
雪白舟形藻 *Navicula nivalis*	+	
多枝舟形藻 *Navicula ramosissima*	+	
岩石舟形藻 *Navicula scopulorum*	+	
饱满舟形藻 *Navicula satura*	+	
带状舟形藻 *Navicula zostereti*	+	
钳状舟形藻密条变种 *Navicula forcipata* var. *densestriata*		+

续表

物种	分布	
	福建厦门九龙江口内	广西英罗港和大冠沙
肩部舟形藻 *Navicula humerosa*		+
壮丽舟形藻 *Navicula luxuriosa*		+
琴状舟形藻 *Navicula lyra*		+
琴状舟形藻劲直变种 *Navicula lyra* var. *recta*		+
点状舟形藻 *Navicula maculata*		+
孟氏舟形藻 *Navicula mannii*		+
海洋舟形藻 *Navicula marina*	+	+
潘土舟形藻 *Navicula pantocsekiana*		+
似菱舟形藻 *Navicula perrhombus*		+
凸出舟形藻 *Navicula protracta*		+
瞳孔舟形藻 *Navicula pupula*		+
侏儒舟形藻 *Navicula pygmaea*		+
缝舟形藻 *Navicula rhaphoneis*		+
闪光舟形藻 *Navicula scintillans*		+
锡巴伊舟形藻 *Navicula sibayiensis*		+
似船状舟形藻 *Navicula subcarinata*		+
大洋新具槽藻 *Neodelphineis pelagica*		+
有棱菱形藻 *Nitzschia angularia*		+
卵形菱形藻 *Nitzschia cocconeiformis*		+
缢缩菱形藻 *Nitzschia constricta*	+	+
齿菱形藻 *Nitzschia denticula*		+
分散菱形藻 *Nitzschia dissipata*		+
簇生菱形藻 *Nitzschia fasciculata*		+
流水菱形藻 *Nitzschia fluminensis*		+
碎片菱形藻 *Nitzschia frustulum*		+
颗粒菱形藻 *Nitzschia granulata*	+	+
匈牙利菱形藻 *Nitzschia hungarica*		+
杂菱形藻 *Nitzschia hybrida*		+
披针菱形藻 *Nitzschia lanceolata*	+	+

续表

物种	分布	
	福建厦门九龙江口内	广西英罗港和大冠沙
披针菱形藻套条变种 *Nitzschia lanceolata* var. *incrustans*		+
洛伦菱形藻 *Nitzschia lorenziana*	+	+
舟形菱形藻 *Nitzschia navicularis*	+	+
钝头菱形藻 *Nitzschia obtusa*	+	+
钝头菱形藻刀形变种 *Nitzschia obtusa* var. *scalpelliformis*	+	+
铲状菱形藻 *Nitzschia paleacea*	+	+
琴式菱形藻 *Nitzschia panduriformis*	+	+
琴式菱形藻微小变种 *Nitzschia panduriformis* var. *minor*	+	+
毕氏菱形藻 *Nitzschia petitana*		+
具点菱形藻 *Nitzschia punctata*	+	+
弯菱形藻 *Nitzschia sigma*	+	+
弯菱形藻中型变种 *Nitzschia sigma* var. *intercedens*		+
弯菱形藻弯变种 *Nitzschia sigma* var. *sigmatella*	+	
费氏菱形藻 *Nitzschia vidovichii*		+
透明菱形藻 *Nitzschia vitrea*		+
卵形菱形藻 *Nitzschia cocconeiformis*	+	
披针菱形藻 *Nitzschia lanceolata*	+	
纤细菱形藻 *Nitzschia subtilis*	+	
盘形菱形藻 *Nitzschia tryblionella*	+	
盘形菱形藻维多变种 *Nitzschia tryblionella* var. *victoriae*	+	
太平洋槌棒藻 *Opephora pacifica*		+
大羽纹藻 *Pinnularia major*	+	+
微辐节羽纹藻 *Pinnularia microstauron*		+
曲缝羽纹藻 *Pinnularia streptoraphe*		+
微绿羽纹藻 *Pinnularia viridis*	+	+
北方羽纹藻 *Pinnularia borealis*	+	
叉翼羽纹藻 *Pinnularia stauroptera*	+	
渐窄斜斑藻 *Plagiogramma atlennatum*		+
美丽斜斑藻 *Plagiogramma pulchellum*		+

续表

物种	分布	
	福建厦门九龙江口内	广西英罗港和大冠沙
长斜纹藻 *Pleurosigma elongatum*		+
中型斜纹藻 *Pleurosigma intermedium*		+
舟形斜纹藻 *Pleurosigma naviculaceum*		+
诺马斜纹藻 *Pleurosigma normanii*		+
菱形斜纹藻 *Pleurosigma rhombeum*		+
坚实斜纹藻 *Pleurosigma rigidum*		+
宽角斜纹藻 *Pleurosigma angulatum*	+	
美丽斜纹藻 *Pleurosigma formosum*	+	
舟形斜纹藻 *Pleurosigma naviculaceum*	+	
星形柄链藻 *Podosira stelliger*		+
小伪菱形藻双楔变种 *Pseudo-nitzschia sicula* var. *bicuneata*	+	
小伪菱形藻漂白变种 *Pseudo-nitzschia sicula* var. *migrans*	+	
卡氏缝舟藻 *Rhaphoneis castracanei*		+
双菱缝舟藻 *Rhaphoneis surirella*		+
双角缝舟藻 *Rhaphoneis amphiceros*	+	
比利时缝舟藻 *Rhaphoneis belgica*	+	
驼峰棒杆藻 *Rhopalodia gibberula*	+	+
肌状棒杆藻 *Rhopalodia musculus*	+	
中肋骨条藻 *Skeletonema costatum*	+	
紫心辐节藻 *Stauroneis phoenicenteron*		+
缢缩辐节藻 *Stauroneis constricta*	+	
双头辐节藻西伯利亚变种 *Stauroneis anceps* var. *siberica*	+	
中间长羽藻 *Stenopterobia intermedia*		+
美丽双菱藻挪威变种 *Surirella elegans* var. *norvegica*	+	
华壮双菱藻 *Surirella fastuosa*		+
流水双菱藻 *Surirella fluminensis*	+	
芽形双菱藻 *Surirella gemma*		+
澳氏双菱藻 *Surirella voigtii*	+	+
透明针杆藻 *Synedra crystallina*	+	

物种	分布	
	福建厦门九龙江口内	广西英罗港和大冠沙
华丽针杆藻 *Synedra formosa*	+	
肘状针杆藻 *Synedra ulna*	+	
伽氏针杆藻 *Synedra gaillonii*	+	+
平片针杆藻 *Synedra tabulata*	+	+
平片针杆藻簇生变种 *Synedra tabulata* var. *fasciculata*		+
平片针杆藻小型变种 *Synedra tabulata* var. *parva*		+
安蒂粗纹藻 *Trachyneis antillarum*	+	
粗纹藻有角变种 *Trachyneis aspera* var. *angusta*	+	
美丽三角藻 *Triceratium formosum*	+	
结合三角藻 *Triceratium junctum*	+	
垂纹三角藻 *Triceratium perpendiculare*	+	
巴黑三角藻 *Triceratium balearicum*		+
网纹三角藻 *Triceratium reticulum*		+
卵形褶盘藻 *Tryblioptychus cocconeiformis*	+	

资料来源：福建，陈兴群（1989）；广西，范航清等（1993b）

"+" 表示有分布

第三节　红树林区潮沟的生物

　　面积较大的红树林区都有潮沟伸入其中，涨潮和落潮使近岸海水与红树林区的海水更新。海洋近岸港湾和河口是海洋生物繁殖、索饵与育肥的主要水域，因而，潮沟中有大量的浮游生物幼虫、幼虾和仔鱼、稚鱼。欲进一步了解，可参考本系列丛书的《中国海洋游泳生物》《中国海洋浮游生物》《中国海洋底栖生物》。

第四节　红树林区的鸟

　　周放等（2010）认为，红树林区是指在红树林两侧各 1.5～2.0km，从海缘向陆地，由海面带、光滩带、红树林带、基围洼地灌丛带和陆缘旱地 5 种生境组成的区域。红树林湿地是一种森林＋滩涂＋水域的复合生境。复合生境造就了红树林区鸟类的多样性及其生态特点。

一、中国红树林区鸟的种类与分布

　　中国红树林区有 445 种鸟,隶属于 20 目 72 科。雀形目种数最多（193 种）,鸻形目次之（92
种）,雁形目和隼形目再次之,都有 30 种。没有红树林区特有的鸟。

　　红树林区有水鸟 172 种,占总数的 38.9%;有陆鸟 273 种,占总数的 61.1%。广西、广东、海南、
福建、台湾 5 个省（区）红树林区的水鸟占各自省（区）鸟类总数的比例都在一半左右,比
其他类型湿地的比例大;迁徙鸟占总数的 70% 左右（海南例外）,也比其他类型湿地的比例大
（表 5-5）。

表 5-5　中国红树林区的鸟

物种	分布					水鸟	陆鸟
	福建	广东	广西	海南	台湾		
潜鸟目 Gaviiformes							
潜鸟科 Gaviidae							
1. 红喉潜鸟 *Gavia stellata*		+				√	
䴙䴘目 Podicipediformes							
䴙䴘科 Podicipedidae							
2. 小䴙䴘 *Tachybaptus ruficollis*	+	+	+	+	+	√	
3. 凤头䴙䴘 *Podiceps cristatus*	+	+	+		+	√	
鹱形目 Procellariiformes							
海燕科 Hydrobatidae							
4. 黑叉尾海燕 *Oceanodroma monorhis*		+				√	
鹈形目 Pelecaniformes							
鹈鹕科 Pelecanidae							
5. 斑嘴鹈鹕 *Pelecanus philippensis*		+	+			√	
6. 卷羽鹈鹕 *Pelecanus crispus*		+	+			√	
鲣鸟科 Sulidae							
7. 褐鲣鸟 *Sula leucogaster*			+			√	
鸬鹚科 Phalacrocoracidae							
8. 普通鸬鹚 *Phalacrocorax carbo*	+	+	+	+	+	√	
9. 海鸬鹚 *Phalacrocorax pelagicus*	+					√	
军舰鸟科 Fregatidae							
10. 黑腹军舰鸟 *Fregata minor*	+	+				√	
鹳形目 Ciconiiformes							

续表

物种	分布					水鸟	陆鸟
	福建	广东	广西	海南	台湾		
鹭科 Ardeidae							
11. 苍鹭 *Ardea cinerea*	+	+	+	+	+	√	
12. 草鹭 *Ardea purpurea*	+	+	+	+	+	√	
13. 大白鹭 *Egretta alba*	+	+	+	+	+	√	
14. 中白鹭 *Egretta intermedia*	+	+	+	+	+	√	
15. 白鹭 *Egretta garzetta*	+	+	+		+	√	
16. 黄嘴白鹭 *Egretta eulophotes*	+	+	+		+	√	
17. 岩鹭 *Egretta sacra*	+	+	+			√	
18. 牛背鹭 *Bubulcus ibis*	+	+	+	+	+	√	
19. 池鹭 *Ardeola bacchus*	+	+	+	+	+	√	
20. 绿鹭 *Butorides striatus*	+	+	+	+	+	√	
21. 夜鹭 *Nycticorax nycticorax*	+	+	+	+	+	√	
22. 栗头鸦 *Gorsachius goisagi*			+			√	
23. 黑冠鸦 *Gorsachius melanolophus*			+		+	√	
24. 黄斑苇鸦 *Ixobrychus sinensis*	+	+	+	+	+	√	
25. 紫背苇鸦 *Ixobrychus eurhythmus*	+		+	+		√	
26. 栗苇鸦 *Ixobrychus cinnamomeus*	+	+	+	+	+	√	
27. 黑苇鸦 *Ixobrychus flavicollis*		+	+	+		√	
28. 大麻鸦 *Botaurus stellaris*		+	+		+	√	
鹳科 Ciconiidae							
29. 东方白鹳 *Ciconia boyciana*		+			+	√	
30. 黑鹳 *Ciconia nigra*		+	+		+	√	
鹮科 Threskiornithidae							
31. 黑头白鹮 *Threskiornis melanocephalus*		+	+		+	√	
32. 白琵鹭 *Platalea leucorodia*		+	+	+	+	√	
33. 黑脸琵鹭 *Platalea minor*	+	+	+	+	+	√	
雁形目 Anseriformes							
鸭科 Anatidae							

续表

物种	分布					水鸟	陆鸟
	福建	广东	广西	海南	台湾		
34. 栗树鸭 *Dendrocygna javanica*			+			√	
35. 小天鹅 *Cygnus columbianus*				+	+	√	
36. 小白额雁 *Anser erythropus*		+	+		+	√	
37. 白额雁 *Anser albifrons*		+			+	√	
38. 鸿雁 *Anser cygnoides*		+				√	
39. 灰雁 *Anser anser*		+	+	+		√	
40. 豆雁 *Anser fabalis*		+	+		+	√	
41. 赤膀鸭 *Anas strepera*	+	+			+	√	
42. 赤颈鸭 *Anas penelope*	+	+	+	+	+	√	
43. 罗纹鸭 *Anas falcata*		+	+	+	+	√	
44. 花脸鸭 *Anas formosa*		+	+		+	√	
45. 绿翅鸭 *Anas crecca*	+	+	+	+	+	√	
46. 绿头鸭 *Anas platyrhynchos*	+	+	+		+	√	
47. 斑嘴鸭 *Anas poecilorhyncha*	+	+	+		+	√	
48. 针尾鸭 *Anas acuta*	+	+	+	+	+	√	
49. 白眉鸭 *Anas querquedula*	+	+	+	+	+	√	
50. 琵嘴鸭 *Anas cdypeata*	+	+	+	+	+	√	
51. 翘鼻麻鸭 *Tadorna tadorna*		+			+	√	
52. 赤麻鸭 *Tadorna ferruginea*		+	+		+	√	
53. 棉凫 *Nettapus coromandelianus*		+	+		+	√	
54. 红头潜鸭 *Aythya ferina*		+	+		+	√	
55. 青头潜鸭 *Aythya baeri*		+			+	√	
56. 凤头潜鸭 *Aythya tuligula*	+	+	+		+	√	
57. 斑背潜鸭 *Aythya marila*	+	+				√	
58. 鸳鸯 *Aix galericulata*		+				√	
59. 鹊鸭 *Bucephala clangula*		+				√	
60. 斑头秋沙鸭 *Mergus albellus*		+	+			√	
61. 红胸秋沙鸭 *Mergus serrator*		+	+		+	√	
62. 普通秋沙鸭 *Mergus merganser*			+			√	

物种	分布					水鸟	陆鸟
	福建	广东	广西	海南	台湾		
63. 中华秋沙鸭 *Mergus squamatus*			+			√	
隼形目 Falconiformes							
鹗科 Pandionidae							
64. 鹗 *Pandion haliaetus*	+	+	+	+	+		√
鹰科 Accipitridae							
65. 黑冠鹃隼 *Aviceda leuphotes*			+		+		√
66. 凤头蜂鹰 *Pernis ptilorhynchus*			+				√
67. 黑翅鸢 *Elanus caeruleus*	+	+	+	+			√
68. 黑耳鸢 *Milvus lineatus*	+	+	+	+	+		√
69. 蛇雕 *Spilornis cheela*			+		+		√
70. 白腹鹞 *Circus spilonotus*	+	+	+		+		√
71. 白尾鹞 *Circus cyaneus*			+		+		√
72. 草原鹞 *Circus macrourus*			+				√
73. 鹊鹞 *Circus melanoleucos*		+	+				√
74. 凤头鹰 *Accipiter trivirgatus*		+	+		+		√
75. 褐耳鹰 *Accipiter badius*			+				√
76. 赤腹鹰 *Accipiter soloensis*		+	+				√
77. 日本松雀鹰 *Accipiter gularis*		+	+	+			√
78. 松雀鹰 *Accipiter virgatus*			+	+	+		√
79. 雀鹰 *Accipiter nisus*		+	+	+	+		√
80. 苍鹰 *Accipiter gentilis*		+	+				√
81. 灰脸鵟鹰 *Butastur indicus*			+		+		√
82. 欧亚鵟 *Buteo buteo*	+	+	+		+		√
83. 毛脚鵟 *Buteo lagopus*		+			+		√
84. 白肩雕 *Aquila heliaca*		+	+				√
85. 乌雕 *Clanga clanga*		+					√
86. 白腹隼雕 *Hieraaetus fasciatus*		+			+		√
87. 白腹海雕 *Aquila fasciata*		+	+				√
隼科 Falconidae							

续表

物种	分布					水鸟	陆鸟
	福建	广东	广西	海南	台湾		
88. 白腿小隼 *Microhierax melanoleucus*			+				√
89. 红隼 *Falco tinnunculus*	+	+	+	+	+		√
90. 红脚隼 *Falco amurensis*			+				√
91. 灰背隼 *Falco columbarius*		+	+		+		√
92. 燕隼 *Falco subbuteo*			+		+		√
93. 游隼 *Falco peregrinus*	+	+	+				√
鸡形目 Galliformes							
雉科 Phasianidae							
94. 环颈雉 *Phasianus colchicus*		+			+		√
95. 中华鹧鸪 *Francolinus pintadeanus*	+	+	+	+			√
96. 灰胸竹鸡 *Bambusicola thoracica*					+		√
97. 鹌鹑 *Coturnix japonica*	+	+	+				√
98. 蓝胸鹑 *Coturnix chinensis*			+				√
99. 原鸡 *Gallus gallus*				+			√
鹤形目 Gruiformes							
三趾鹑科 Turnicidae							
100. 林三趾鹑 *Turnix sylvatica*			+			√	
101. 黄脚三趾鹑 *Turnix tanki*			+			√	
102. 棕三趾鹑 *Turnix suscitator*		+	+	+	+	√	
鹤科 Gruidae							
103. 灰鹤 *Grus grus*			+			√	
秧鸡科 Rallidae							
104. 花田鸡 *Coturnicops exquisitus*	+					√	
105. 白喉斑秧鸡 *Rallina eurizonoides*			+			√	
106. 普通秧鸡 *Rallus aquaticus*	+	+	+		+	√	
107. 灰胸秧鸡 *Gallirallus striatus*	+	+	+	+		√	
108. 红脚苦恶鸟 *Amaurornis akool*			+			√	
109. 白胸苦恶鸟 *Amaurornis phoenicurus*	+	+	+	+	+	√	
110. 小田鸡 *Porzana pusilla*		+	+		+	√	

续表

物种	分布					水鸟	陆鸟
	福建	广东	广西	海南	台湾		
111. 红胸田鸡 *Porzana fusca*	+		+	+	+	√	
112. 斑胁田鸡 *Porzana paykullii*			+			√	
113. 棕背田鸡 *Porzana bicolor*	+		+			√	
114. 董鸡 *Gallicrex cinerea*		+	+	+	+	√	
115. 紫水鸡 *Porphyrio porphyrio*		+	+		+	√	
116. 黑水鸡 *Gallinula chloropus*	+	+	+	+	+	√	
117. 白骨顶 *Fulica atra*	+	+	+	+		√	
鸻形目 Charadriiformes							
雉鸻科 Jacanidae							
118. 水雉 *Hydrophasianus chirurgus*	+	+	+		+	√	
119. 铜翅水雉 *Metopidius indicus*			+			√	
彩鹬科 Rostratulidae							
120. 彩鹬 *Rostratula benghalensis*	+	+	+	+	+	√	
蛎鹬科 Haematopodidae							
121. 蛎鹬 *Haematopus ostralegus*	+		+			√	
反嘴鹬科 Recurvirostridae							
122. 黑翅长脚鹬 *Himantopus himantopus*	+	+	+	+	+	√	
123. 反嘴鹬 *Recurvirostra avosetta*	+	+	+	+	+	√	
石鸻科 Burhinidae							
124. 大石鸻 *Esacus recurvirostris*				+		√	
燕鸻科 Glareolidae							
125. 普通燕鸻 *Glareola maldivarum*	+	+	+	+	+	√	
鸻科 Charadriidae							
126. 凤头麦鸡 *Vanellus vanellus*	+	+	+		+	√	
127. 距翅麦鸡 *Vanellus duvaucelii*			+			√	
128. 灰头麦鸡 *Vanellus cinereus*	+	+	+		+	√	
129. 金斑鸻 *Pluvialis fulva*	+	+	+	+	+	√	
130. 灰斑鸻 *Pluvialis squatarola*	+	+	+	+	+	√	
131. 美洲金鸻 *Pluvialis dominica*			+			√	

续表

物种	分布					水鸟	陆鸟
	福建	广东	广西	海南	台湾		
132. 剑鸻 *Charadrius hiaticula*	+	+	+		+	√	
133. 长嘴剑鸻 *Charadrius placidus*			+		+	√	
134. 金眶鸻 *Charadrius dubius*	+	+	+	+	+	√	
135. 环颈鸻 *Charadrius alexandrinus*	+	+	+	+	+	√	
136. 蒙古沙鸻 *Charadrius mongolus*	+	+	+	+	+	√	
137. 铁嘴沙鸻 *Charadrius leschenaultii*	+	+	+	+	+	√	
138. 东方鸻 *Charadrius veredus*		+	+	+	+	√	
鹬科 Scolopacidae							
139. 丘鹬 *Scolopax rusticola*		+	+			√	
140. 姬鹬 *Lymnocryptes minimus*			+		+	√	
141. 孤沙锥 *Gallinago solitaria*			+			√	
142. 针尾沙锥 *Gallinago stenura*	+	+	+	+	+	√	
143. 大沙锥 *Gallinago megala*	+	+	+	+	+	√	
144. 扇尾沙锥 *Gallinago gallinago*	+					√	
145. 拉氏沙锥 *Gallinago hardwickii*					+	√	
146. 半蹼鹬 *Limnodromus semipalmatus*	+	+	+	+	+	√	
147. 短嘴半蹼鹬 *Limnodromus griseus*				+		√	
148. 长嘴半蹼鹬 *Limnodromus scolopaceus*				+	+	√	
149. 黑尾塍鹬 *Limosa limosa*	+	+	+	+	+	√	
150. 斑尾塍鹬 *Limosa lapponica*	+	+	+	+	+	√	
151. 小杓鹬 *Numenius minutus*	+	+	+	+	+	√	
152. 中杓鹬 *Numenius phaeopus*	+	+	+	+	+	√	
153. 白腰杓鹬 *Numenius arquata*	+	+	+	+	+	√	
154. 大杓鹬 *Numenius madagascariensis*	+	+	+	+	+	√	
155. 鹤鹬 *Tringa erythropus*	+	+	+	+	+	√	
156. 灰鹬 *Tringa incana*	+	+			+	√	
157. 红脚鹬 *Tringa totanus*	+	+	+	+	+	√	
158. 泽鹬 *Tringa stagnatilis*	+	+	+	+	+	√	
159. 青脚鹬 *Tringa nebularia*	+	+	+	+	+	√	

续表

物种	分布					水鸟	陆鸟
	福建	广东	广西	海南	台湾		
160. 小青脚鹬 *Tringa guttifer*	+	+	+	+	+	√	
161. 白腰草鹬 *Tringa ochropus*	+	+	+	+	+	√	
162. 林鹬 *Tringa glareola*	+	+	+	+	+	√	
163. 翘嘴鹬 *Xenus cinereus*	+	+	+	+	+	√	
164. 矶鹬 *Actitis hypoleucos*	+	+	+	+	+	√	
165. 翻石鹬 *Arenaria interpres*	+	+		+	+	√	
166. 灰尾漂鹬 *Heteroscelus brevipes*	+	+	+	+	+	√	
167. 红腹滨鹬 *Calidris canutus*	+	+	+	+	+	√	
168. 白腰滨鹬 *Calidris fuscicollis*			+			√	
169. 大滨鹬 *Calidris tenuirostris*	+	+	+	+	+	√	
170. 三趾滨鹬 *Calidris alba*	+	+	+		+	√	
171. 红颈滨鹬 *Calidris ruficollis*	+	+			+	√	
172. 青脚滨鹬 *Calidris temminckii*	+	+		+		√	
173. 长趾滨鹬 *Calidris subminuta*	+	+			+	√	
174. 尖尾滨鹬 *Calidris acuminata*	+	+	+	+	+	√	
175. 弯嘴滨鹬 *Calidris ferruginea*	+	+	+	+	+	√	
176. 黑腹滨鹬 *Calidris alpina*	+	+	+	+	+	√	
177. 勺嘴鹬 *Eurynorhynchus pygmeus*	+	+	+	+	+	√	
178. 阔嘴鹬 *Limicola falcinellus*	+	+	+	+	+	√	
179. 高跷鹬 *Micropalama himantopus*					+	√	
180. 黄胸鹬 *Tryngites subruficollis*	+				+	√	
181. 流苏鹬 *Philomachus pugnax*	+	+	+	+	+	√	
182. 红颈瓣蹼鹬 *Phalaropus lobatus*		+	+		+	√	
183. 灰瓣蹼鹬 *Phalaropus fulicarius*					+	√	
贼鸥科 Stercorariidae							
184. 中贼鸥 *Stercorarius pomarinus*			+			√	
鸥科 Laridae							
185. 黑尾鸥 *Larus crassirostris*	+	+	+	+	+	√	
186. 海鸥 *Larus canus*	+	+	+	+		√	

续表

物种	分布					水鸟	陆鸟
	福建	广东	广西	海南	台湾		
187. 灰翅鸥 *Larus glaucescens*			+			√	
188. 北极鸥 *Larus hyperboreus*			+			√	
189. 银鸥 *Larus argentatus*	+	+	+	+	+	√	
190. 西伯利亚银鸥 *Larus vegae*			+			√	
191. 小黑背银鸥 *Larus fuscus*			+			√	
192. 黄腿银鸥 *Larus cachinnans*	+					√	
193. 灰背鸥 *Larus schistisagus*		+	+			√	
194. 红嘴鸥 *Larus ridibundus*	+	+	+	+	+	√	
195. 黑嘴鸥 *Larus saundersi*	+	+	+	+	+	√	
196. 小鸥 *Larus minutus*			+			√	
燕鸥科 Sternidae							
197. 鸥嘴噪鸥 *Gelochelidon nilotica*	+	+	+	+	+	√	
198. 红嘴巨鸥 *Hydroprogne caspia*	+	+	+	+	+	√	
199. 大凤头燕鸥 *Thalasseus bergii*			+			√	
200. 粉红燕鸥 *Sterna dougallii*		+		+		√	
201. 黑枕燕鸥 *Sterna sumatrana*	+	+	+	+	+	√	
202. 普通燕鸥 *Sterna hirundo*	+	+	+	+	+	√	
203. 白额燕鸥 *Sterna albifrons*	+	+	+	+	+	√	
204. 褐翅燕鸥 *Sterna anaethetus*		+			+	√	
205. 乌燕鸥 *Sterna fuscata*					+	√	
206. 须浮鸥 *Chlidonias hybrida*	+	+	+		+	√	
207. 白翅浮鸥 *Chlidonias leucopterus*	+	+	+		+	√	
208. 白顶玄燕鸥 *Anous stolidus*					+	√	
海雀科 Alcidae							
209. 扁嘴海雀 *Synthliboramphus antiquus*				+		√	
鸽形目 Columbiformes							
鸠鸽科 Columbidae							
210. 山斑鸠 *Streptopelia orientalis*	+	+	+	+	+		√
211. 火斑鸠 *Streptopelia tranquebarica*		+	+	+	+		√

续表

物种	分布					水鸟	陆鸟
	福建	广东	广西	海南	台湾		
212. 珠颈斑鸠 *Streptopelia chinensis*	+	+	+	+	+		√
213. 绿翅金鸠 *Chalcophaps indica*			+				√
鹦形目 Psittaciformes							
鹦鹉科 Psittacidae							
214. 红领绿鹦鹉 *Psittacula krameri*		+					√
鹃形目 Cuculiformes							
杜鹃科 Cuculidae							
215. 红翅凤头鹃 *Clamator coromandus*			+				√
216. 鹰鹃 *Cuculus sparverioides*		+	+	+	+		√
217. 棕腹杜鹃 *Cuculus fugax*	+		+				√
218. 四声杜鹃 *Cuculus micropterus*	+	+	+	+			√
219. 中杜鹃 *Cuculus saturatus*		+					√
220. 大杜鹃 *Cuculus canorus*			+				√
221. 小杜鹃 *Cuculus poliocephalus*			+				√
222. 八声杜鹃 *Cuculus merulinus*		+	+				√
223. 乌鹃 *Surniculus lugubris*		+					√
224. 噪鹃 *Eudynamys scolopaceus*	+	+	+	+			√
225. 绿嘴地鹃 *Phaenicophaeus tristis*	+		+				√
226. 褐翅鸦鹃 *Centropus sinensis*		+	+	+			√
227. 小鸦鹃 *Centropus bengalensis*	+	+	+	+	+		√
鸮形目 Strigiformes							
草鸮科 Tytonidae							
228. 草鸮 *Tyto capensis*				+	+		√
鸱鸮科 Strigidae							
229. 黄嘴角鸮 *Otus spilocephalus*			+	+			√
230. 领角鸮 *Otus bakkamoena*		+	+	+			√
231. 红角鸮 *Otus sunia*			+				√
232. 灰林鸮 *Strix aluco*			+				√
233. 领鸺鹠 *Glaucidium brodiei*			+				√

物种	分布					水鸟	陆鸟
	福建	广东	广西	海南	台湾		
234. 斑头鸺鹠 *Glaucidium cuculoides*			+				√
235. 鹰鸮 *Ninox scutulata*			+				√
236. 短耳鸮 *Asio flammeus*					+		√
夜鹰目 Caprimulgiformes							
夜鹰科 Caprimulgidae							
237. 普通夜鹰 *Caprimulgus indicus*			+	+			√
238. 林夜鹰 *Caprimulgus affinis*		+	+	+			√
雨燕目 Apodiformes							
雨燕科 Apodidae							
239. 白腰雨燕 *Apus pacificus*	+	+	+	+	+		√
240. 小白腰雨燕 *Apus nipalensis*	+	+	+	+	+		√
241. 白喉针尾雨燕 *Hirundapus caudacutus*	+						√
佛法僧目 Coraciiformes							
翠鸟科 Alcedinidae							
242. 普通翠鸟 *Alcedo atthis*	+	+	+	+	+		√
243. 白胸翡翠 *Halcyon smyrnensis*	+	+	+	+	+		√
244. 蓝翡翠 *Halcyon pileata*	+	+	+	+			√
245. 冠鱼狗 *Megaceryle lugubris*			+	+			√
246. 斑鱼狗 *Ceryle rudis*	+	+	+				√
蜂虎科 Meropidae							
247. 栗喉蜂虎 *Merops philippinus*	+	+	+				√
佛法僧科 Coraciidae							
248. 三宝鸟 *Eurystomus orientalis*		+	+				√
戴胜目 Upupiformes							
戴胜科 Upupidae							
249. 戴胜 *Upupa epops*	+	+		+			√
䴕形目 Piciformes							
须䴕科 Capitonidae							
250. 黑眉拟啄木鸟 *Megalaima oorti*					+		√

续表

物种	分布					水鸟	陆鸟
	福建	广东	广西	海南	台湾		
啄木鸟科 Picidae							
251. 黄嘴栗啄木鸟 *Blythipicus pyrrhotis*				+			√
252. 蚁䴕 *Jynx torquilla*	+	+	+				√
雀形目 Passeriformes							
八色鸫科 Pittidae							
253. 蓝翅八色鸫 *Pitta nympha*			+				√
254. 仙八色鸫 *Pitta nympha*			+				√
百灵科 Alaudidae							
255. 小云雀 *Alauda gulgula*	+		+				√
256. 云雀 *Alauda arvensis*	+	+			+		√
燕科 Hirundinidae							
257. 崖沙燕 *Riparia riparia*					+		√
258. 褐喉沙燕 *Riparia paludicola*					+		√
259. 家燕 *Hirundo rustica*	+	+	+	+	+		√
260. 洋燕 *Hirundo tahitica*					+		√
261. 斑腰燕 *Hirundo striolata*					+		√
262. 金腰燕 *Hirundo daurica*	+	+	+				√
263. 烟腹毛脚燕 *Delichon dasypus*			+				√
264. 毛脚燕 *Delichon urbica*		+					√
鹡鸰科 Motacillidae							
265. 山鹡鸰 *Dendronanthus indicus*			+				√
266. 白鹡鸰 *Motacilla alba*		+	+	+	+		√
267. 黑背白鹡鸰 *Motacilla lugens*			+				√
268. 黄头鹡鸰 *Motacilla citreola*			+	+	+		√
269. 黄鹡鸰 *Motacilla flava*	+	+	+		+		√
270. 灰鹡鸰 *Motacilla cinerea*	+	+	+	+	+		√
271. 田鹨 *Anthus richardi*	+	+	+		+		√
272. 树鹨 *Anthus hodgsoni*	+	+	+		+		√
273. 红喉鹨 *Anthus cervinus*	+		+		+		√

续表

物种	分布					水鸟	陆鸟
	福建	广东	广西	海南	台湾		
274. 粉红胸鹨 *Anthus roseatus*	+		+				√
275. 水鹨 *Anthus spinoletta*	+						√
276. 北鹨 *Anthus gustavi*	+						√
277. 黄腹鹨 *Anthus rubescens*			+				√
山椒鸟科 Campephagidae							
278. 大鹃鵙 *Coracina macei*			+				√
279. 暗灰鹃鵙 *Coracina melaschistos*			+				√
280. 粉红山椒鸟 *Pericrocotus roseus*			+				√
281. 灰山椒鸟 *Pericrocotus divaricatus*			+				√
鹎科 Pycnonotidae							
282. 红耳鹎 *Pycnonotus jocosus*	+	+	+				√
283. 黄臀鹎 *Pycnonotus xanthorrhous*		+	+				√
284. 白头鹎 *Pycnonotus sinensis*	+	+	+	+	+		√
285. 白喉红臀鹎 *Pycnonotus aurigaster*	+	+	+	+			√
286. 栗背短脚鹎 *Hemixos castanonotus*		+		+			√
287. 绿翅短脚鹎 *Hypsipetes mcclellandii*					+		√
288. 黑短脚鹎 *Hypsipetes leucocephalus*		+	+	+	+		√
289. 白喉冠鹎 *Alophoixus pallidus*				+			√
伯劳科 Laniidae							
290. 红尾伯劳 *Lanius cristatus*	+	+	+	+	+		√
291. 牛头伯劳 *Lanius bucephalus*			+		+		√
292. 栗背伯劳 *Lanius collurioides*			+				√
293. 棕背伯劳 *Lanius schach*	+	+	+	+	+		√
294. 黑伯劳 *Lanius fuscatus*		+	+		+		√
295. 虎纹伯劳 *Lanius tigrinus*			+				√
296. 楔尾伯劳 *Lanius sphenocercus*	+	+					√
黄鹂科 Oriolidae							
297. 黑枕黄鹂 *Oriolus chinensis*	+	+	+				√
卷尾科 Dicruridae							

续表

物种	分布					水鸟	陆鸟
	福建	广东	广西	海南	台湾		
298. 黑卷尾 *Dicrurus macrocercus*	+	+	+	+	+		√
299. 灰卷尾 *Dicrurus leucophaeus*		+	+				√
300. 发冠卷尾 *Dicrurus hottentottus*		+	+				√
椋鸟科 Sturnidae							
301. 八哥 *Acridotheres cristatellus*	+	+	+	+	+		√
302. 家八哥 *Acridotheres tristis*				+			√
303. 黑领椋鸟 *Sturnus nigricollis*	+	+	+	+			√
304. 丝光椋鸟 *Sturnus sericeus*	+	+	+	+	+		√
305. 灰椋鸟 *Sturnus cineraceus*	+	+	+	+	+		√
306. 紫翅椋鸟 *Sturnus vulgaris*	+	+					√
307. 紫背椋鸟 *Sturnus philippensis*					+		√
308. 北椋鸟 *Sturnus sturninus*		+	+	+	+		√
309. 灰背椋鸟 *Sturnus sinensis*	+	+	+	+	+		√
燕鵙科 Artamidae							
310. 灰燕鵙 *Artamus fuscus*			+				√
鸦科 Corvidae							
311. 灰树鹊 *Dendrocitta formosae*					+		√
312. 喜鹊 *Pica pica*	+	+			+		√
313. 大嘴乌鸦 *Corvus macrorhynchus*		+	+				√
314. 小嘴乌鸦 *Corvus corone*			+				√
315. 白颈鸦 *Corvus torquatus*		+					√
316. 松鸦 *Garrulus glandarius*			+				√
317. 红嘴蓝鹊 *Urocissa erythrorhyncha*			+				√
318. 台湾暗蓝鹊 *Urocissa caerulea*					+		√
鹪鹩科 Troglodytidae							
319. 鹪鹩 *Troglodytes troglodytes*		+					√
鸫科 Turdidae							
320. 红喉歌鸲 *Luscinia calliope*	+	+	+		+		√
321. 蓝喉歌鸲 *Luscinia svecica*	+		+		+		√

续表

物种	分布					水鸟	陆鸟
	福建	广东	广西	海南	台湾		
322. 蓝歌鸲 *Luscinia cyane*	+		+				√
323. 红胁蓝尾鸲 *Tarsiger cyanurus*		+	+				√
324. 鹊鸲 *Copsychus saularis*	+	+	+	+			√
325. 北红尾鸲 *Phoenicurus auroreus*	+	+	+		+		√
326. 红尾水鸲 *Rhyacornis fuliginosus*				+			√
327. 黑喉石䳭 *Saxicola torquata*	+	+	+	+	+		√
328. 灰林䳭 *Saxicola ferrea*		+	+				√
329. 白喉矶鸫 *Monticola gularis*			+				√
330. 蓝矶鸫 *Monticola solitarius*	+	+	+	+	+		√
331. 栗腹矶鸫 *Monticola rufiventris*		+	+				√
332. 紫啸鸫 *Myophonus caeruleus*	+	+	+				√
333. 橙头地鸫 *Zoothera citrina*			+				√
334. 白眉地鸫 *Zoothera sibirica*			+				√
335. 虎斑地鸫 *Zoothera dauma*	+						√
336. 灰背鸫 *Turdus hortulorum*	+	+	+				√
337. 乌灰鸫 *Turdus cardis*		+	+				√
338. 乌鸫 *Turdus merula*	+	+	+	+			√
339. 白眉鸫 *Turdus obscurus*					+		√
340. 白腹鸫 *Turdus pallidus*	+		+		+		√
341. 赤胸鸫 *Turdus chrysolaus*					+		√
342. 红尾鸫 *Turdus naumanni*					+		√
343. 斑鸫 *Turdus eunomus*	+	+	+				√
鹟科 Muscicapidae							
344. 白喉林鹟 *Rhinomyias brunneata*			+				√
345. 乌鹟 *Muscicapa sibirica*			+				√
346. 灰纹鹟 *Muscicapa griseisticta*	+						√
347. 北灰鹟 *Muscicapa dauurica*	+		+				√
348. 褐胸鹟 *Muscicapa muttui*			+				√
349. 白眉姬鹟 *Ficedula zanthopygia*			+				√

续表

物种	分布					水鸟	陆鸟
	福建	广东	广西	海南	台湾		
350. 黄眉姬鹟 *Ficedula narcissina*		+	+				√
351. 鸲姬鹟 *Ficedula mugimaki*			+				√
352. 橙胸姬鹟 *Ficedula strophiata*			+				√
353. 红喉姬鹟 *Ficedula parva*			+				√
354. 白腹蓝鹟 *Cyanoptila cyanomelana*			+				√
355. 铜蓝鹟 *Eumyias thalassinus*			+				√
356. 海南蓝仙鹟 *Cyornis hainanus*			+				√
王鹟科 Monarchinae							
357. 黑枕王鹟 *Hypothymis azurea*		+	+				√
358. 紫寿带 *Terpsiphone atrocaudata*			+				√
359. 寿带 *Terpsiphone paradisi*	+	+	+				√
画眉科 Timaliidae							
360. 棕颈钩嘴鹛 *Pomatorhinus ruficollis*		+			+		√
361. 黑脸噪鹛 *Garrulax petspicillatus*	+	+	+				√
362. 白颊噪鹛 *Garrulax sannio*	+		+	+			√
363. 黑喉噪鹛 *Garrulax chinensis*				+			√
364. 玉山噪鹛 *Garrulax morrisonlanus*					+		√
365. 画眉 *Garrulax canorus*	+	+	+	+	+		√
366. 红头穗鹛 *Stachyris ruficeps*		+	+		+		√
367. 褐顶雀鹛 *Alcippe brunnea*		+					√
368. 灰眶雀鹛 *Alcippe morrisonia*					+		√
369. 白腹凤鹛 *Erpornis zantholeuca*				+			√
370. 矛纹草鹛 *Babax lanceolatus*	+						√
鸦雀科 Paradoxornithidae							
371. 棕头鸦雀 *Paradoxornis webbianus*					+		√
扇尾莺科 Cisticolidae							
372. 棕扇尾莺 *Cisticola juncidis*	+	+	+	+	+		√
373. 金头扇尾莺 *Cisticola exilis*			+		+		√
374. 褐山鹪莺 *Prinia polychroa*			+				√

续表

物种	分布					水鸟	陆鸟
	福建	广东	广西	海南	台湾		
375. 黄腹山鹪莺 *Prinia flaviventris*	+	+	+	+	+		√
376. 纯色山鹪莺 *Prinia inornata*	+	+	+		+		√
377. 黑喉山鹪莺 *Prinia atrogularis*			+				√
树莺科 Cettiidae							
378. 鳞头树莺 *Cettia squameiceps*			+		+		√
379. 远东树莺 *Cettia canturians*			+				√
380. 日本树莺 *Cettia diphone*	+		+		+		√
381. 强脚树莺 *Cettia fortipes*			+				√
382. 黄腹树莺 *Cettia robustipes*			+				√
莺科 Sylviidae							
383. 中华短翅莺 *Bradypterus tacsanowskius*			+				√
384. 棕褐短翅莺 *Bradypterus luteoventris*			+				√
385. 矛斑蝗莺 *Locustella lanceolata*					+		√
386. 史氏蝗莺 *Locustella pleskei*			+				√
387. 小蝗莺 *Locustella certhiola*	+		+				√
388. 北蝗莺 *Locustella ochotensis*					+		√
389. 钝翅苇莺 *Acrocephalus concinens*	+		+				√
390. 黑眉苇莺 *Acrocephalus bistrigiceps*	+		+	+	+		√
391. 远东苇莺 *Acrocephalus tangorum*		+	+				√
392. 厚嘴苇莺 *Acrocephalus aedon*			+		+		√
393. 东方大苇莺 *Acrocephalus orientalis*	+	+	+				√
394. 长尾缝叶莺 *Orthotomus sutorius*	+	+	+	+			√
395. 栗头缝叶莺 *Orthotomus cuculatus*			+	+			√
396. 棕腹柳莺 *Phylloscopus subaffinis*				+			√
397. 褐柳莺 *Phylloscopus fuscatus*	+	+	+	+			√
398. 巨嘴柳莺 *Phylloscopus schwarzi*		+	+				√
399. 黄腰柳莺 *Phylloscopus proregulus*	+	+	+	+			√
400. 黄眉柳莺 *Phylloscopus inornatus*	+	+	+	+			√
401. 黑眉柳莺 *Phylloscopus ricketti*			+				√
402. 冠纹柳莺 *Phylloscopus reguloides*			+				√

续表

物种	分布					水鸟	陆鸟
	福建	广东	广西	海南	台湾		
403. 白斑尾柳莺 *Phylloscopus davisoni*			+				√
404. 灰脚柳莺 *Phylloscopus tenellipes*			+				√
405. 极北柳莺 *Phylloscopus borealis*	+	+	+	+	+		√
406. 双斑绿柳莺 *Phylloscopus plumbeitarsus*			+				√
407. 暗绿柳莺 *Phylloscopus trochiloides*	+		+	+			√
408. 栗头鹟莺 *Seicercus castaniceps*	+						√
409. 大草莺 *Graminicola bengalensis*				+			√
绣眼鸟科 Zosteropidae							
410. 灰腹绣眼鸟 *Zosterops palpebrosa*			+				√
411. 暗绿绣眼鸟 *Zosterops japonicus*	+	+	+	+	+		√
412. 红胁绣眼鸟 *Zosterops erythropleura*				+			√
攀雀科 Remizidae							
413. 中华攀雀 *Remiz consobrinus*	+						√
山雀科 Paridae							
414. 绿背山雀 *Parus monticolus*	+						√
415. 黄腹山雀 *Parus venustulus*			+				√
416. 大山雀 *Parus major*	+	+	+	+			√
啄花鸟科 Dicaeidae							
417. 纯色啄花鸟 *Dicaeum concolor*				+			√
418. 红胸啄花鸟 *Dicaeum ignipectus*				+			√
419. 朱背啄花鸟 *Dicaeum cruentatum*				+			√
花蜜鸟科 Nectariniidae							
420. 黄腹花蜜鸟 *Cinnyris jugularis*				+			√
421. 叉尾太阳鸟 *Aethopyga christinae*		+		+			√
雀科 Passeridae							
422. 麻雀 *Passer montanus*	+	+	+		+		√
423. 家麻雀 *Passer domesticus*			+				√
424. 山麻雀 *Passer rutilans*	+						√
梅花雀科 Estrildidae							
425. 白腰文鸟 *Lonchura striata*	+	+	+	+	+		√

物种	分布					水鸟	陆鸟
	福建	广东	广西	海南	台湾		
426. 斑文鸟 *Lonchura punctulata*	+	+	+	+	+		√
427. 栗腹文鸟 *Lonchura malacca*					+		√
燕雀科 Fringillidae							
428. 燕雀 *Fringilla montifringilla*					+		√
429. 金翅雀 *Carduelis sinica*	+	+	+		+		√
430. 锡嘴雀 *Coccothraustes coccothraustes*					+		√
431. 黑尾蜡嘴雀 *Eophona migratoria*	+	+			+		√
鹀科 Emberizidae							
432. 凤头鹀 *Melophus lathami*		+	+		+		√
433. 栗耳鹀 *Emberiza fucata*	+		+		+		√
434. 小鹀 *Emberiza pusilla*	+	+	+		+		√
435. 田鹀 *Emberiza rustica*	+		+		+		√
436. 黄喉鹀 *Emberiza elegans*		+	+		+		√
437. 黄胸鹀 *Emberiza aureola*	+	+	+		+		√
438. 栗鹀 *Emberiza rutila*			+				√
439. 硫黄鹀 *Emberiza sulphurata*					+		√
440. 灰头鹀 *Emberiza spodocephala*	+	+	+		+		√
441. 白眉鹀 *Emberiza tristrami*	+	+			+		√
442. 黄眉鹀 *Emberiza chrysophrys*	+						√
443. 苇鹀 *Emberiza pallasi*	+						√
444. 芦鹀 *Emberiza schoeniclus*	+						√
445. 红颈苇鹀 *Emberiza yessoensis*	+						√

资料来源:周放等（2010）

"+"表示有分布;"√"表示类型

海南红树林区水鸟中鸻形目（57种）最多,占红树林区鸟总数的32.6%;非水鸟中雀形目（50种）最多, 占红树林区鸟总数的28.6%。鹭类、鸻鹬类、鸭类和椋鸟的数量较大。主要优势种有白鹭 *Egretta garzetta*、大白鹭 *Egretta alba*、苍鹭 *Ardea cinerea*、牛背鹭 *Bubulcus ibis*、池鹭 *Ardeola bacchus*、紫背苇鳽 *Ixobrychus eurhythmus*、栗苇鳽 *Ixobrychus cinnamomeus*、中杓鹬 *Numenius phaeopus*、白腰杓鹬 *Numenius arquata*、金眶鸻 *Charadrius dubius*、环颈鸻 *Charadrius alexandrinus*、红脚鹬 *Tringa totanus*、泽鹬 *Tringa stagnatilis*、青脚鹬 *Tringa nebularia*、红嘴巨鸥 *Hydroprogne caspia*、丝光椋鸟 *Sturnus sericeus*、灰背椋鸟 *Sturnus sinensis*、白头鹎

Pycnonotus sinensis、黄腹花蜜鸟 *Cinnyris jugularis*、暗绿绣眼鸟 *Zosterops japonicus*、白眉鸭 *Anas querquedula*、针尾鸭 *Anas acuta*、白胸苦恶鸟 *Amaurornis phoenicurus*、八哥 *Acridotheres cristatellus*。

广西红树林区水鸟中鸻形目（79 种）最多，占红树林区鸟总数的 23.0%；非水鸟中雀形目（135 种）最多，占红树林区鸟总数的 39.4%。主要优势种有池鹭、白鹭、大白鹭、绿鹭 *Butorides striatus*、牛背鹭、草鹭 *Ardea purpurea*、绿翅鸭 *Anas crecca*、罗纹鸭 *Anas falcata*、白眉鸭 *Anas querquedula*、针尾鸭 *Anas acuta*、绿头鸭 *Anas platyrhynchos*、斑嘴鸭 *Anas poecilorhyncha*、花脸鸭 *Anas formosa*、环颈鸻、蒙古沙鸻 *Charadrius mongolus*、红颈滨鹬 *Calidris ruficollis*、黑翅长脚鹬 *Himantopus himantopus*、金眶鸻 *Charadrius dubius*、铁嘴沙鸻 *Charadrius leschenaultii*、红脚鹬 *Tringa totanus*、弯嘴滨鹬 *Calidris ferruginea*、黑腹滨鹬 *Calidris alpina*、普通燕鸻 *Glareola maldivarum*、黑卷尾 *Dicrurus macrocercus*、家燕 *Hirundo rustica*、发冠卷尾 *Dicrurus hottentottus*、白头鹎、白喉红臀鹎 *Pycnonotus aurigaster*、鹊鸲 *Copsychus saularis*、暗绿绣眼鸟 *Zosterops japonicus*、火斑鸠 *Streptopelia tranquebarica*、珠颈斑鸠 *Streptopelia chinensis*、普通翠鸟 *Alcedo atthis*、斑鱼狗 *Ceryle rudis*、白鹡鸰 *Motacilla alba*、黑领椋鸟 *Sturnus nigricollis* 等。

广东红树林区水鸟中鸻形目（66 种）最多，占红树林区鸟总数的 25.8%；非水鸟中雀形目（81 种）最多，占红树林区鸟总数的 31.6%。优势种有苍鹭、白鹭、大白鹭、牛背鹭、池鹭、绿鹭、夜鹭 *Nycticorax nycticorax*、针尾鸭、绿翅鸭、绿头鸭、斑嘴鸭、赤颈鸭 *Anas penelope*、琵嘴鸭 *Anas cdypeata*、环颈鸻、金眶鸻、铁嘴沙鸻、白腰杓鹬 *Numenius arquata*、红脚鹬、青脚鹬 *Tringa nebularia*、矶鹬 *Actitis hypoleucos*、黑腹滨鹬、红嘴鸥 *Larus ridibundus*、白鹡鸰 *Motacilla alba*、白头鹎、棕背伯劳 *Lanius schach*、黑领椋鸟 *Sturnus nigricollis*、丝光椋鸟 *Sturnus sericeus*、灰背椋鸟 *Sturnus sinensis*、八哥、鹊鸲、黄腹山鹪莺 *Prinia flaviventris*、纯色山鹪莺 *Prinia inornata*、长尾缝叶莺 *Orthotomus sutorius*、暗绿绣眼鸟、大山雀 *Parus major* 等。

福建红树林区水鸟中鸻形目（63 种）最多，占红树林区鸟总数的 29.9%；非水鸟中雀形目（82 种）最多，占红树林区鸟总数的 38.9%。主要优势种有池鹭、白鹭、大白鹭、牛背鹭、夜鹭、苍鹭、绿鹭、绿翅鸭、赤颈鸭 *Anas penelope*、红颈滨鹬 *Calidris ruficollis*、红脚鹬、弯嘴滨鹬、灰尾漂鹬 *Heteroscelus brevipes*、青脚鹬、翘嘴鹬 *Xenus cinereus*、大滨鹬 *Calidris tenuirostris*、中杓鹬 *Numenius phaeopus*、铁嘴沙鸻、金斑鸻 *Pluvialis fulva*、黑腹滨鹬、白腰杓鹬、环颈鸻、红嘴鸥、黑嘴鸥 *Larus saundersi*、白头鹎、暗绿绣眼鸟、棕背伯劳 *Lanius schach*、大山雀等。

台湾红树林区水鸟中鸻形目（71 种）最多，占红树林区鸟总数的 31.6%；非水鸟中雀形目（73 种）最多，占红树林区鸟总数的 32.4%。主要优势科有鹭科、鸭科、鸻科和鹬科。

二、中国红树林区鸟的习性

（一）水鸟的觅食

红树林区鸟的觅食地分为红树林区滩涂和红树林中两种生境。多数水鸟的觅食地在红树林向海缘的滩涂和潮沟，而多数非水鸟的觅食地在红树林中和向陆缘的邻近农田及水产养殖池。

水鸟的觅食和潮汐密切相关，只有退潮滩涂露出后，水鸟才能在滩涂觅食。低潮时，大量的鸻鹬类摄食滩涂表面的软体动物（短拟沼螺 *Assiminea brevicula* 等多种螺、樱蛤属 *Tellinella* 和蛏类等双壳类），此外，多毛类、小虾、小鱼也是其摄食对象。各种鸻鹬类喙的形状、长短不同，有利于摄食。不同类的水鸟，主要觅食区也有差别。水鸟在满潮时多数到红树林周围的陆地觅食，仅少数停息在红树林冠。

鹭类也是在滩涂觅食，该类个体一般比鸻鹬类大，觅食对象也较大，最主要的是小鱼、虾、蟹和滩涂表面的其他动物。鹭类摄食滩涂表面的动物，也站在浅水处啄食水中的鱼、虾。红树林区附近若有鱼塘排干，大批的鹭鸟会飞往鱼池摄食鱼、虾。鹭类白天在滩涂觅食，涨潮时少数停息在林冠，多数停息在附近田野和树林。鹭类育雏的食物，也取自滩涂。例如，福建泉州湾红树林的白鹭、夜鹭、池鹭和牛背鹭在近海的桃花山的马尾松等营巢，在3～4月育雏季节亲鸟往返于滩涂与鸟巢间觅食和育雏，其食物包括滩涂常见的虾虎鱼及小蟹等。

鸭类：鸭类属游禽，多数为候鸟，成群在滩涂觅食鱼、虾、蟹和滩涂表面的其他无脊椎动物，也在浅水处半潜觅食。涨潮时鸭类随潮水游进潮沟，觅食浮在水面的食物。红树林区滩涂也是成群家鸭的天然饲养场，在此饲养的鸭产的蛋又多又大。

鸥类：鸥类多数为候鸟，漂浮在水面，也在空中飞旋，见到食物即俯冲取食。在内湾可以见到，海豚在贴近水面觅食时，驱小鱼上浮，鸥类在空中跟随海豚，见到小鱼即俯冲摄食，有时甚至可以见到鸥类贴近露出水面的海豚背鳍。在船只进港、出港时，也经常可以见到大群的海鸥尾随船只，觅食浪花激起的小鱼。暴雨过后，陆上流来的垃圾杂物漂浮于水面，也会吸引大群、多种海鸥觅食。海鸥也在滩涂觅食。

（二）非水鸟的觅食

红树林区的陆鸟与水鸟相比，觅食策略更多样化，觅食地也多样化。例如，绿嘴地鹃 *Phaenicophaeus tristis*、小鸦鹃 *Centropus bengalensis*、褐翅鸦鹃 *Centropus sinensis*、四声杜鹃 *Cuculus micropterus*、噪鹃 *Eudynamys scolopaceus* 等在红树林附近的森林或灌丛营巢的鸟，退潮时会到红树林区觅食；普通翠鸟 *Alcedo atthis*、斑鱼狗 *Ceryle rudis* 退潮时会在滩涂停息，在滩涂上空觅食，见到鱼、虾等猎物即俯冲捕获，这些鸟在陆上悬壁穴居，也在陆上水塘觅食（黄宗国，2004）；家燕 *Hirundo rustica* 通过追捕的方式从红树林上空获得昆虫等食物；白鹡鸰 *Motacilla alba* 也经常在滩涂觅食；还有其他一些鸟在红树林营巢，也在红树林冠附近觅食昆虫。

（三）营巢

在红树林中营巢的仅少数陆鸟留鸟。水鸟中许多是迁徙鸟，繁殖季节迁徙到北方。留鸟多数不在红树林营巢，而是在陆上森林营巢，如白鹭类。有些鸟只在红树林中营巢繁殖，而从不在红树林中觅食，如珠颈斑鸠 *Streptopelia chinensis*、火斑鸠 *Streptopelia tranquebarica*、红耳鹎 *Pycnonotus jocosus*。黑卷尾 *Dicrurus macrocercus*、发冠卷尾 *Dicrurus hottentottus* 在红树林中营巢，通过出击或追捕的方式获取红树林上空的食物。白头鹎 *Pycnonotus sinensis*、暗绿绣眼鸟 *Zosterops japonicus*、黄腹山鹪莺 *Prinia flaviventris*、纯色山鹪莺 *Prinia inornata*、大山雀 *Parus major*、棕背伯劳 *Lanius schach* 在红树林中营巢和觅食。

（四）迁徙

红树林区是候鸟迁徙的歇息站或越冬地，全球候鸟迁徙的 8 条路线都经过红树林区。每年经过红树林区的迁徙鸟以万亿只计。中国红树林区迁徙鸟有 322 种，在红树林区越冬的有 257 种。越冬鸟以雁形目（鸭科 25 种）、隼形目（鹗科、鹰科、隼科共 21 种）、鸻形目（雉鸻科、蛎鹬科、反嘴鹬科、石鸻科、燕鸻科、鸻科、鹬科、鸥科、燕鸥科共 77 种）、雀形目（百灵科、燕科、鹡鸰科、鹎科、伯劳科、黄鹂科、卷尾科、椋鸟科、鸦科、鸫科、鹟科、王鹟科、扇尾莺科、树莺科、莺科、绣眼鸟科、山雀科、雀科、燕雀科共 94 种）为主。

（五）集群

集群是水鸟和非水鸟都有的习性之一，对保护种群、觅食、迁徙都有意义。鸟类迁徙许多是集群迁飞的，雁的迁飞集群呈"人"字形或"一"字形排列，形成大自然的天然景观。鸻鹬类在滩涂觅食也集成大群。鸭类、鸥类、鹭类都有集群习性。

第五节 红树林区的昆虫和蜘蛛

蒋国芳和洪芳 1993 年对广西山口红树林进行了调查，记录昆虫 133 种（含未定种），张宏达等（1998）1993～1994 年对广东深圳福田红树林进行了 4 次调查，记录昆虫 96 种，罗大民等 2003 年对福建厦门马銮湾湿地进行调查时也记录了红树林昆虫。上述调查已鉴定到种的昆虫有 172 种，其中广西有 117 种，广东有 91 种，福建有 32 种，云南有 1 种（表 5-6），海南和台湾都未见到报道。实际上红树林中昆虫远远多于此数，这是由于调查不够深入或者没有调查。红树林的昆虫在生态系统中分为害虫、害虫的天敌等。

表 5-6　中国红树林区的昆虫

物种	分布				害虫	害虫的天敌
	广西山口	广东深圳	福建厦门马銮湾	云南		
弹尾目 Collembola						
长角跳虫科 Entomobryidae						
筒长角跳虫 *Tomocerus varius*	+					
蜻蜓目 Odonata						
蜻科 Libellulidae						
黄蜻 *Pantala flavescens*	+	+	+			√

续表

物种	分布					害虫	害虫的天敌
	广西 山口	广东 深圳	福建 厦门马銮湾		云南		
红蜻 *Crocothemis servilia*	+	+	+				√
狭腹灰蜻 *Orthetrum sabina*	+	+	+				√
大黄赤蜻 *Sympetrum uniforme*			+				
扇螅科 Platycnemididae							
白扇螅 *Platycnemis foliacea*		+					√
螅科 Coenagrionidae							
短尾黄螅 *Ceriagrion melanurum*	+						√
蜚蠊目 Blattodea							
蜚蠊科 Blattidae							
德国小蠊 *Blattella germanica*	+		+				
螳螂目 Mantodea							
螳科 Mantidae							
中华大刀螳 *Paratenodera sinensis*	+	+	+				√
广腹螳螂 *Hierodula patellifera*	+						√
竹节虫目 Phasmida							
枝科 Bacteriidae							
斑腿华枝虫 *Sinophasma maculicruralis*	+						
直翅目 Orthoptera							
锥头蝗科 Pyrgomorphidae							
短额负蝗 *Atractomorpha sinensis*	+	+					
斑腿蝗科 Catantopidae							
芋蝗 *Gesonula punctifrons*	+						
小稻蝗 *Oxya intricata*	+						
拟山稻蝗 *Oxya anagavisa*	+						
赤胫伪稻蝗 *Pseudoxya diminuta*	+	+	+				
红褐斑腿蝗 *Catantops pinguis*	+						
棉蝗 *Chondracris rosea*	+						
紫胫长夹蝗 *Choroedocus violaceipes*			+				

续表

物种	分布				害虫	害虫的天敌
	广西山口	广东深圳	福建厦门马銮湾	云南		
斑翅蝗科 Oedipodidae						
疣蝗 Trilophidia annulata	+					
隆叉小车蝗 Oedaleus abruptus	+					
花胫绿纹蝗 Aiolopus tamulus		+	+			
云斑车蝗 Gastrimargus marmoratus	+					
露螽科 Phaneropteridae						
奇点掩耳螽 Elimaea chloris		+	+			
草螽科 Conocephalidae						
鼻优草螽 Euconocephalus nasutus		+	+			
癞蟋科 Mogoplistidae						
锤须奥蟋 Ornebius fuscicercis		+	+			
蛉蟋科 Trigonidiidae						
黄足蛉蟋 Trigonidium flavipos	+					
侧斑突蛉蟋 Amusurgus lateralis		+	+			
剑角蝗科 Acrididae						
细肩蝗 Calephorus vitalisi	+					
蚱科 Tetrigidae						
日本蚱 Tetrix japonica	+					
北部湾蚱 Tetrix beibuwanensis	+					
瘦悠背蚱 Euparatettix tenuis	+					
螽蟖科 Tettigoniidae						
日本条螽 Ducetia japonica	+					
鸣草螽 Conocephalus melas	+					
烟云彩螽 Callimenellus fumidus			+			
蟋蟀科 Gryllidae						
田蟋蟀 Gryllus campestris	+					
黑脸油葫芦 Teleogryllus occipitalis	+					
蚁蟋科 Myrmecophilidae						

续表

物种	分布				害虫	害虫的天敌
	广西山口	广东深圳	福建厦门马銮湾	云南		
台湾蚁蟋 *Myrmecophilus formosana*	+					
同翅目 Homoptera						
蝉科 Cicadidae						
黄蟪蛄 *Platypleura hilpa*	+					
叶蝉科 Cicadellidae						
小绿叶蝉 *Empoasca flavescens*	+					
白翅叶蝉 *Thaia rubiginosa*	+					
蛾蜡蝉科 Flatidae						
白蛾蜡蝉 *Lawana imitata*	+	+				
飞虱科 Delphacidae						
灰飞虱 *Laodelphax striatellus*	+					
白背飞虱 *Sogatella furcifera*	+					
半翅目 Hemiptera						
黾蝽科 Gerridae						
圆臀大黾蝽 *Aquarius paludum*	+		+			
宽蝽科 Veliidae						
尖钩宽蝽 *Microvelia horvathi*	+					
蝽科 Pentatomidae						
大臭蝽 *Metonymia glandulosa*	+					
黑须稻绿蝽 *Nezara antennata*	+					
亮盾蝽 *Lamprocoris roylii*	+					
无刺瓜蝽 *Megymenum inerme*		+	+			
叉角厉蝽 *Cantheconidea furcellata*		+				√
广二星蝽 *Stollia ventralis*		+				
龟蝽科 Plataspidae						
亚铜平龟蝽 *Brachyplatys subaeneus*		+				
缘蝽科 Coreidae						
大稻缘蝽 *Leptocorisa acuta*	+	+				

续表

物种	分布				害虫	害虫的天敌
	广西山口	广东深圳	福建厦门马銮湾	云南		
短肩棘缘蝽 *Cletus pugnator*	+					
条蜂缘蝽 *Riptortus linearis*	+	+				
稻棘缘蝽 *Cletus punctiger*	+	+				
曲胫侏缘蝽 *Mictis tenebrosa*	+					
瘤缘蝽 *Acanthocoris scaber*		+				
隐斑同缘蝽 *Homoeocerus bipustulatus*		+				
点蜂缘蝽 *Riptortus pedestris*		+				
网蝽科 Tingidae						
高颈网蝽 *Perissonemia borneenis*		+				
红蝽科 Pyrrhocoridae						
叉带棉红蝽 *Dysdercus decussatus*		+				
离斑棉红蝽 *Dysdercus cingulatus*		+				
直红蝽 *Pyrrhopeplus carduelis*		+				
长蝽科 Lygaeidae						
大狭长蝽 *Dimorphopterus pallipes*		+				
箭痕腺长蝽 *Spilostethus hospes*		+				
盾蝽科 Scutelleridae						
诺碧美盾蝽 *Calliphara nobilis*		+			√	
考氏白盾蝽 *Pseudaulacaspis cockerelli*					√	
猎蝽科 Reduviidae						
锥盾菱猎蝽 *Isyndus reticulatus*	+					
红小猎蝽 *Vesbius purpureus*			+			
鞘翅目 Coleoptera						
瓢虫科 Coccinellidae						
黄斑盘瓢虫 *Coelophora saucia*		+	+			√
茄二十八星瓢虫 *Henosepilachna vigintioctopunctata*		+	+			
奇变瓢虫 *Aiolocaria mirabilis*		+				
稻红瓢虫 *Micraspis discolor*			+			

续表

物种	分布				害虫	害虫的天敌
	广西山口	广东深圳	福建厦门马銮湾	云南		
大红瓢虫 *Rodolia rufopilosa*	+					
小红瓢虫 *Rodolia pumila*	+					
芫菁科 Meloidae						
锯角豆芫菁 *Epicauta gorhami*	+					
丽金龟科 Rutelidae						
红脚丽金龟 *Anomala cupripes*	+					
虎甲科 Cicindelidae						
台湾树栖虎甲皱胸亚种 *Collyris formosana* subsp. *rugosior*		+				
叶甲科 Chrysomelidae						
黄守瓜 *Aulacophora femoralis*	+		+			
黑额凹唇跳甲 *Argopus nigrifrons*	+					
恶性橘啮跳甲 *Clitea metallica*	+					
阔边宽缘跳甲 *Hemipyxis limbatus*		+				
闽赣萤叶甲 *Laphris emarginata*		+				
黑绿大眼肖叶甲 *Tricliona consobrina*		+				
肖叶甲科 Eumolpidae						
合欢大毛叶甲 *Trichochrysea nitidissima*	+					
叩甲科 Elateridae						
丽叩甲 *Campsosternus auratus*		+				
天牛科 Cerambycidae						
竹绿虎天牛 *Chlorophorus annularis*		+				
刺股沟臀肖叶甲 *Colaspoides opaca*	+					
三带隐头叶甲 *Cryptocephalus trifasciatus*	+					
甘薯肖叶甲丽鞘亚种 *Colasposoma dauricum* subsp. *auripenne*	+					
铁甲科 Hispidae						
星斑梳龟甲 *Aspidomorpha miliaris*		+				

续表

物种	分布				害虫	害虫的天敌
	广西 山口	广东 深圳	福建 厦门马銮湾	云南		
甘薯台龟甲 *Taiwania circumdata*	+					
星斑梳龟甲 *Aspidomorpha miliaris*		+				
脉翅目 Neuroptera						
草蛉科 Chrysopidae						
普通草蛉 *Chrysopa carnea*	+					
亚非草蛉 *Chrysopa boninensis*	+	+				√
蚁蛉科 Myrmeleontidae						
泛蚁蛉 *Myrmeleon formicarius*	+					
鳞翅目 Lepidoptera						
螟蛾亚科 Pyralidinae						
双纹白草螟 *Pseudocatharylla duplicella*		+	+		√	
黄纹水螟 *Nymphula fengwhanalis*		+				
木螟科 Schoenobiidae						
三化螟 *Tryporyza incertulas*	+					
刺蛾科 Cochlididae						
黄刺蛾 *Cnidocampa flavescens*	+					
尺蛾科 Geometridae						
油桐尺蛾 *Buzura suppressaria*	+					
豹尺蛾 *Dysphania militaris*		+				
弄蝶科 Hesperiidae						
幺纹稻弄蝶东亚亚种 *Parnara naso* subsp. *bada*	+					
蛱蝶科 Nymphalidae						
孔雀眼蛱蝶 *Precisalmana Linnaenus*	+		+			
联珠拟斑紫蛱蝶埔里亚种 *Hypolimnas bolina* subsp. *kezia*	+					
金斑蛱蝶 *Hypolimnas missipus*		+	+			
黄襟蛱蝶 *Cupha erymanthis*		+	+			
美目蛱蝶 *Precis almana*		+	+			
鹮蛱蝶 *Precis hierta*		+				

续表

物种	分布				害虫	害虫的天敌
	广西 山口	广东 深圳	福建 厦门马銮湾	云南		
米埔蛱蝶 *Precis atlites*		+				
斑蝶科 Danaidae						
透翅斑蝶 *Danaus melaneus*		+				
蓝点紫斑蝶 *Euploea midamus*		+				
幻紫斑蝶 *Euploea core*		+				
灰蝶科 Lycaenidae						
银线灰蝶 *Spindasis lohita*		+				
阔翅紫灰蝶 *Chilades lajus*	+					
冬青灰蝶 *Celastrina puspa*		+				
粉蝶科 Pieridae						
浅绿青粉蝶 *Valeria valeria*	+					
迁飞粉蝶淡色型 *Catopsilia pomona crocale*	+					
细纹迁飞粉蝶指名亚种 *Catopsilia pyranthe* subsp. *pyranthe*	+					
合欢黄粉蝶 *Eurema hecae*		+	+			
东方菜粉蝶 *Pieris canidia*		+	+			
螟蛾科 Pyralidae						
稻水螟 *Nymphula vittalis*		+				
甜菜白带野螟 *Hymenia recurvalis*		+				
豹尺蛾 *Dysphania militaris*		+				
斑蛾科 Zygaenidae						
蝶形环锦斑蛾 *Cyclosia papilionaris*		+				
灯蛾科 Arctiidae						
三色星灯蛾 *Utetheisa pulchella*		+				
鹿蛾科 Amatidae						
牧鹿蛾 *Amata pascus*		+				
卷蛾科 Tortricidae						
橘黄卷蛾 *Archips eucroca*		+				
天蛾科 Sphingidae						

续表

物种	分布				害虫	害虫的天敌
	广西 山口	广东 深圳	福建 厦门马銮湾	云南		
小豆长喙天蛾 *Macroglossum stellatarum*		+				
凤蝶科 Papilionidae						
玉带凤蝶 *Menelaides polytes*	+	+				
翠蓝斑凤蝶 *Chilasa paradoxa*	+	+				
双翅目 Diptera						
蚊科 Culicidae						
白纹伊蚊 *Aedes albopictus*	+					
刺扰伊蚊 *Aedes vexans*	+					
多斑按蚊 *Anopheles maculatus*	+					
微小按蚊 *Anopheles minimus*	+					
海滨库蚊 *Culex sitiens*	+					
蠓科 Ceratopogonidae						
嗜蚊库蠓 *Culicoides anophelis*	+					
荒川库蠓 *Culicoides arakawai*	+					
食虫虻科 Asilidae						
顶毛食虫虻 *Neoitamus angusticornis*	+					
大食虫虻 *Promachus yesonicus*	+					
羽芒食虫虻 *Ommatius* sp.		+				√
蜂额食虫虻 *Philodicus* sp.		+				√
水虻科 Stratiomyidae						
舟山丽额水虻 *Prosopochrysa chusanensis*	+					
虻科 Tabanidae						
全黑虻 *Tabanus nigra*	+					
中华虻 *Tabanus mandarinus*	+					
断纹虻 *Tabanus striatus*	+	+				
食蚜蝇科 Syrphidae						
斑眼食蚜蝇 *Eristalis arvorum*	+					
侧斑直脉食蚜蝇 *Duleoides latas*	+					

续表

物种	分布				害虫	害虫的天敌
	广西 山口	广东 深圳	福建 厦门马銮湾	云南		
钝黑斑眼蚜蝇 *Eristalinus sepulchralis*		+				
丽蝇科 Calliphoridae						
大头金蝇 *Chrysomyia megacephala*		+				
海南绿蝇 *Lucilia hainanensis*	+					
紫绿蝇 *Lucilia porphyrina*	+	+				
蝇科 Muscidae						
家蝇 *Musca domestica*	+	+				
突额家蝇 *Musca convexifrons*	+					
麻蝇科 Sarcophagidae						
白头亚麻蝇 *Parasarcophaga albiceps*	+					
黄须亚麻蝇 *Parasarcophaga misera*	+					
膜翅目 Hymenoptera						
姬蜂科 Ichneumonidae						
广黑点瘤姬蜂 *Xanthopimpla punctata*	+					
稻苞虫黑瘤姬蜂 *Coccygominus parnarae*		+				√
螟黑点瘤姬蜂 *Xanthopimpla stemmator*		+				√
眼斑介姬蜂 *Ichneumon ocellus*			+			
小蜂科 Chalcididae						
广大腿小蜂 *Brachymeria lasus*	+					
无脊大腿小蜂 *Brachymeria excarinata*	+					√
胡蜂科 Vespidae						
小金箍胡蜂 *Vespa tropica haematodes*	+					
黄腰胡蜂 *Vespa affinis*		+				
蛛蜂科 Pompilidae						
金胸蛛蜂 *Saltus bipartitus*	+					
泥蜂科 Sphecidae						
瘦蓝泥蜂 *Chalybion bengalense*	+					
黄柄壁泥蜂 *Sceliphron madraspatanum*	+					

续表

物种	分布				害虫	害虫的天敌
	广西山口	广东深圳	福建厦门马銮湾	云南		
赛氏沙泥蜂 *Ammophila sickmanni*		+				√
土蜂科 Scoliidae						
白毛长腹土蜂 *Campsomeris annulata*	+					
毛肩长腹土蜂 *Campsomeris caelebs*	+					
金小蜂科 Pteromalidae						
竹林蜂 *Xylocopa naslis*		+				
毛足花蜂科 Anthophoridae						
花条蜂 *Anthophora florea*		+				
隧蜂科 Halictidae						
蓝彩带蜂 *Nomia chalybeata*		+				
狭腹胡蜂科 Stenogastridae						
铃腹胡蜂 *Ropalidia* sp.		+				√
蜾蠃科 Eumenidae						
乌缘蜾蠃 *Anterhynchium argentatum*	+					
墨体胸蜾蠃 *Orancistrocerus aterrimus*	+					
大华丽蜾蠃 *Delta petiolata*		+				√
脆啄蜾蠃 *Antepipona fragilis*		+				√
胸蜾蠃 *Orancistrocerus* sp.		+				√
弓费蜾蠃 *Phiflavopunctatum continentale*			+			
马蜂科 Polistidae						
棕马蜂 *Polistes gigas*	+		+			
点马蜂 *Polistes stigma*	+	+				√
果马蜂 *Polistes olivaceus*	+	+				
澳门马蜂 *Polistes macaensis*		+				
蜜蜂科 Apidae						
小蜜蜂 *Apis florea*	+					
东方蜜蜂 *Apis cerana*		+	+			
黄芦蜂 *Ceratina flavipes*	+					

续表

物种	分布				害虫	害虫的天敌
	广西 山口	广东 深圳	福建 厦门马銮湾	云南		
绿小芦蜂 *Altodape nasalis*	+					
竹木蜂 *Xylocopa nasalis*	+					
灰胸木蜂 *Xylocopa phalothorax*	+					
蚁科 Formicidae						
黄猄蚁 *Oecophylla smaragdina*	+					
双齿多刺蚁 *Polyrhachis dives*	+	+				√
圆梗举腹蚁 *Crematogaster artifae*	+					
东方行军蚁 *Dorylus orientalis*	+		+			

资料来源：广西，蒋国芳和洪芳（1993；）广东，张宏达等（1998）；厦门，罗大民等（2003）

"+"表示有分布；"√"表示类型

一、害虫

双纹白草螟 *Pseudocatharylla duplicella*：属于鳞翅目螟蛾科。成虫呈白色。每年春天幼虫孵化时，大量幼虫吃掉海榄雌嫩叶的叶肉，剩下叶脉。这种暴发性虫害在广东深圳福田和福建泉州湾都有发生，影响海榄雌的生长，甚至使其枯萎。这种幼虫啃食红树植物的叶子有选择性和专一性，在同一红树林区的桐花树、秋茄树等就未见其害。

考氏白盾蚧 *Pseudaulacaspis cockerelli*：属于半翅目盾蚧科。在福建厦门九龙江口的红树林，这种害虫寄生在秋茄树叶的正面和反面，少数寄生于嫩梢，在桐花树上偶见，但数量很少。在秋茄树叶片上该种主要分布在主脉两侧，受害部位出现黄褪绿斑，叶易脱落，新叶受害稍卷曲、叶小、生长不好。高潮区、中潮区均有这种害虫，平均14～35头/叶，最多418头/叶，叶片背面的虫比正面多。陆生植物白兰花、含笑花等也发生此虫害，但不如秋茄树受害严重。这种害虫的自然死亡率为34%（张飞萍等，2008）。

二、害虫的天敌

张宏达等（1998）报道，广东深圳福田红树林的昆虫隶属于10目，其中7目有天敌昆虫：蜻蜓目（5种）、螳螂目（1种）、半翅目（2种）、鞘翅目（4种）、脉翅目（1种）、双翅目（3种）、膜翅目（14种）。直翅目、鳞翅目和同翅目没有天敌昆虫。这些天敌昆虫有些直接摄食害虫，如蜻蜓、瓢虫；有些通过寄生致害虫死亡，如寄生蜂。

三、访花昆虫

红树植物花期长，不同种的花期交错，因而有种类多、数量大的访花昆虫，主要有鳞翅目的蝶类、鞘翅目的叩甲类、双翅目的蝇类、膜翅目的蜂类，如东方蜜蜂、黄腰胡蜂、马蜂等。这些昆虫对红树植物的传粉起很大作用。

四、蜘蛛

蜘蛛属蛛形纲 Arachnida，是红树林害虫的天敌。红树林生境有利于蜘蛛织网捕捉红树林间的昆虫。蜘蛛在广东深圳福田记录 7 种：三突花蛛 *Misumenops tricuspidatus*、圆尾肖蛸 *Tetragnatha vermiformis*、纵条蝇狮 *Marpissa magister*、黑菱头蛛 *Bianor hotingchiechi*、新园蛛 *Neoscona* sp.、六眼幽灵虫 *Spermophora* sp.、花蛤沙蛛 *Hasarius adansoni*。

第六节 红树植物上的真菌

生产者、分解者和消费者三者构成了生态系统中的营养关系，红树林区三者兼备。真菌是分解者。真菌在生物五界分类系统中自成一界——真菌界 Fungi。真菌界在中国海洋已记录 365 种，分属于 4 门：子囊菌门 Ascomycota（114 种）、接合菌门 Zygomycota（2 种）、担子菌门 Basidiomycota（2 种）、半知菌门 Deuteromycotina（247 种）（Tam and Wong，2000；Vrijmode，1986）。

香港城市大学关利平教授半个世纪以来都在从事香港、澳门及邻近红树植物的腐木、叶片及部分柚木、柏木的真菌研究（Vrijmode，1986），共发现 109 种真菌，分别隶属于子囊菌门（83 种）、半知菌门（24 种）、担子菌门（2 种），其中茎点霉 *Phoma* sp.、林氏多毛枝状霉 *Trichocladium linderii*、光滑木生霉 *Lignincola laevis* 最常见，红树植物的腐茎上最多（表 5-7）。

表 5-7　中国红树植物的真菌

中文名	拉丁名	中文名	拉丁名
子囊菌门	Ascomycota	海花冠霉	*Corollospora maritima*
切无果菌	*Aniptodera chesapeakensis*	丽花冠霉	*Corollospora pulchella*
海孢无果菌	*Aniptodera haispora*	海指状霉	*Dactylospora haliotrepha*
木无果菌	*Aniptodera lignatilis*	盐沼间座壳霉	*Diaporthe salsuginosa*
红树无果菌	*Aniptodera mangrovei*	弯孢壳霉	*Eutypa* sp.
四角孢菌	*Antennospora quadricornuta*	粘海孢霉	*Haligena viscidula*
三叉干菌	*Arenariomyces trifurcatus*	粒泳孢霉	*Halonectria milfordensis*
块刺谷菌	*Belizeana tuberculata*	穿孔霉	*Diatrype* sp.
似块刺谷菌	*Belizeana* cf. *tuberculata*	阿蒙海球霉	*Halosarpheia abonnis*
滨海巢菌	*Ceriosporopsis halima*	丝状海球霉	*Halosarpheia fibrosa*

中文名	拉丁名	中文名	拉丁名
球毛壳菌	*Chaetomium globosum*	印度海球霉	*Halosarpheia indicalotica*
海洋海球霉	*Halosarpheia marina*	树粉霉	*Oidiodendron* sp.
小海球霉	*Halosarpheia minuta*	团丝核菌	*Papulaspora halima*
立小海球霉	*Halosarpheia ratnagiriensis*	澳大利亚小球腔菌	*Leptosphaeria australiensis*
扭曲小海球霉	*Halosarpheia retorquens*	鸟羽小球腔菌	*Leptosphaeria avicenniae*
粘小海球霉	*Halosarpheia viscosa*	山小球腔菌	*Leptosphaeria oraemaris*
海球霉	*Halosarpheia* sp.	光滑木生霉	*Lignincola laevis*
钩圆球霉	*Halosphaeria hamata*	长钩木生霉	*Lignincola longirostris*
盐生圆球霉	*Halosphaeria salina*	粒孔瘤霉	*Lulworthia grandispora*
海神水生霉	*Hyrronectria tethys*	瘤霉	*Lulworthia* sp.
大洋碳团菌	*Hypoxylon oceanicum*	红树海相霉	*Marinosphaera mangrovei*
铁美霉	*Kallichroma tethys*	团霉	*Massarina* sp.
圆锥丛节孢	*Arthrobotrys conoides*	武团霉	*Massarina armatispora*
曲霉	*Aspergillus spergillus*	海团霉	*Massarina thalassiae*
刺状霉	*Beltrandia rhobica*	膜团霉	*Massarina velataspora*
巨头卷须霉	*Cirrenalia macrocephala*	黑霉	*Melaspilea* sp.
假巨头卷须霉	*Cirrenalia pseudomacrocephala*	胶住霉	*Nais glitra*
短的卷须霉	*Cirrenalia pygmea*	丑住霉	*Nais inornata*
卷须霉	*Cirrenalia tropicalis*	河雀霉	*Passeriniella obiones*
枝孢霉	*Cladosporium* sp.	雀霉	*Passeriniella* sp.
芽枝状枝孢霉	*Cladosporium cladosporioides*	刺毛岩霉	*Petriella setifera*
壳囊孢霉	*Cytospora* sp.	缺近岩霉	*Petriellidium ellipsoideum*
棍棒孢霉	*Clavatospora bulbosa*	格孢腔菌	*Pleospora spartinae*
海生卷叶孢霉	*Dictyosporium pelagicum*	四桨孢霉	*Remispora quadriremis*
卷叶孢霉	*Dictyosporium toruloides*	附孢座坚壳菌	*Rosellinia* sp.
粘来孢	*Graphium* sp.	海格空孢菌	*Saccardoella marinospora*
狐腐质霉	*Humicola alopallonella*	长沙霉	*Savoryella lignicola*
棕腐质霉	*Humicola fuscoatra*	少沙霉	*Savoryella paucispora*
腐质霉	*Humicola* sp.	放射昏孢菌	*Torpedospora radiata*
海生单格孢子霉	*Monodictys pelagic*	条昏氏孢菌	*Trematosphaeria lineolatispora*
哺单格孢子霉	*Monodictys paradoxa*	海疣霉	*Verruculina enalia*
单格孢子霉	*Monodictys* sp.	半知菌门	Deuteromycotina

续表

中文名	拉丁名	中文名	拉丁名
似单格孢子霉	*Monodictys-like* sp.	顶孢	*Acremonium* sp.
链格孢	*Alternaria* sp.	侧孢霉	*Sporotrichum* sp.
交互链格孢	*Alternaria alternata*	似葡萄状霉	*Stachybotrys-like* sp.
海生链格孢	*Alternaria maritima*	梨多毛枝状霉	*Trichocladium achrasporum*
青霉	*Penicillium* sp.	林氏多毛枝状霉	*Trichocladium linderi*
锥形霉	*Periconia* sp.	多毛枝状霉	*Trichocladium alopallonellum*
繁锥形霉	*Periconia prolifica*	木霉	*Trichoderma* sp.
准锥形霉	*Periconiella* sp.	轮枝孢霉	*Verticillium* sp.
瓶霉	*Phialophora litoralis*	涛霉	*Zalerion* sp.
滨海茎点瓶霉	*Phialophorophoma litoralis*	海涛霉	*Zalerion maritima*
茎点霉	*Phoma* sp.	变涛霉	*Zalerion varia*
拟茎点霉	*Phomopsis* sp.	担子菌门	Basidiomycota
刺壳孢霉	*Pyrenochaeta* sp.	裂霉	*Aegerita* sp.
棒状孢子霉	*Rhabdospora* sp.	毛海曲霉	*Halocyphina villosa*

第七节　红树林区的放线菌

　　放线菌在生物五界分类中隶属于原核生物界，在水体、沉积物和生物体中都有发现。中国海洋已记录 89 种放线菌，在红树林区的沉积物、根际已记录 8 属 7 种（表 5-8）。关于放线菌的研究许多与研究海洋药物有关，特别是研究生物活性物质，进而研究抗肿瘤等的药物。放线菌是水生生物特别是养殖生物的病原菌之一（周美英等，1988）。

表 5-8　中国海洋红树林区记录的放线菌种属

中文名	拉丁名	中文名	拉丁名
腾黄微球菌	*Micrococcus luteus*	小多孢菌属	*Micropolyspora*
弗氏链霉菌	*Streptomyces fradiae*	微白螺孢菌海洋变种	*Spirillospora albida* var. *marine*
淀粉酶产色链霉菌	*Streptomyces diastatochromogenes*	游动放线菌属	*Actinoplanes*
链霉菌	*Streptomyces* sp.	链孢囊菌属	*Streptosporangium*
海洋小单孢菌	*Micromonospora*	诺卡氏菌属	*Nocardia*
海南小单孢菌	*Micromonospora hainanensis*		

第六章

红树林生态系统的能量流动和物质循环

生态系统主要由生产者（producer）、消费者（consumer）、分解者（decomposer）和无机环境组成。红树林生态系统具备了这四个基本成分，特别是红树植物能进行光合作用，是生态系统中的初级生产者。

第一节　红树林生态系统的能量流动

张汝国等（1992）研究了广东和海南的红树植物木榄 *Bruguiera gymnorrhiza*、红海榄 *Rhizophora stylosa*、蜡烛果 *Aegiceras corniculatum*、海榄雌 *Avicennia marina* 的能量状况，4 种红树植物能量的净固定量为 28 599～51 443kJ/（m² · a），平均为 38 922.4kJ/（m² · a），比相同气候带热带雨林[34 331.8kJ/（m²·a）]、沼泽地[35 169.1kJ/（m²·a）]、热带草原[11 723kJ/（m²·a）]的净固定量都高。红树林能量净固定量中的 40% 以凋落物的形式输出到周围环境中。红树植物对有效光合辐射能的转化效率为：木榄 2.3%，桐花树 1.8%，红海榄 1.6%，海榄雌 1.1%。除海榄雌外，其他 3 种对能量的转化效率均高于热带雨林和热带草原。

林光辉和林鹏（1988）的研究表明，福建厦门九龙江口内秋茄树对太阳能的净固定量为 10 456kJ/（m² · a），海南琼山海莲对太阳能的净固定量为 4519kJ/（m² · a），二者对太阳能的转化效率分别为 3.01% 与 2.01%。

以上 6 种红树植物对太阳能的净固定量和转化效率都比较高。红树植物通过固定太阳能，不断增加生物量，并且开花结果。生态系统中的食物链（网）是能量流动的具体途径（王伯荪等，2002）。

第二节　红树林生态系统的物质循环

一、红树植物的生物量

林鹏等（1985）测定的厦门九龙江口内草埔头 20 年生秋茄树的生物量（干重）为 162.63×10³kg/hm²，其中地上部分约占 57.41%，地下部分约占 42.59%，各部位的生物量如表 6-1 所示。

表 6-1 厦门九龙江口内草埔头 20 年生秋茄树的生物量

	部位	干重（×10³kg/hm²）	干重占比（%）
地上部分	果（包括胚轴）	0.26	0.16
	叶	5.87	3.61
	幼枝	1.09	0.67
	多年生侧枝	12.76	7.84
	树干材	58.07	35.71
	树干皮	12.69	7.80
	枯枝	2.47	1.52
	幼苗	0.17	0.10
地下部分	直根	41.73	25.66
	粗根	24.11	14.83
	细根	3.41	2.10
	总计	162.63	100

二、红树植物的凋落物及能量归还量

红树植物生长、发育过程中，叶、花、果和枝条等将陆续脱落，并经微生物分解进行物质循环和能量流动。郑逢中等（2000）连续 10 年对厦门九龙江口秋茄树的凋落物逐月收集，分析结果表明凋落物量为 651.3～1108.6g/（m²·a），11 年平均为 862.9g/（m²·a），其中叶占总量的 63.3%，枝占 15.9%，果占 15.3%，花占 5.5%。不同年份凋落物量变化率为 1.7。四季凋落物量大小顺序为：夏季＞秋季＞春季＞冬季。凋落物的能流量为 12 702～21 664kJ/（m²·a）。

王伯荪等（2002）研究的无瓣海桑和海桑的凋落物量分别为 863.2g/（m²·a）和 355.0g/（m²·a），能量现存量分别为 17 224.0kJ/m² 和 7325.6kJ/m²（表 6-2）。

表 6-2 无瓣海桑和海桑的凋落物量和能量归还量

部位	凋落物量［g/（m²·a）］		能量现存量（kJ/m²）		能量现存量占比（%）	
	无瓣海桑	海桑	无瓣海桑	海桑	无瓣海桑	海桑
叶	559.1	176.0	11 187.8	3 727.8	45.57	15.18
枝	98.2	37.8	2 057.3	763.7	8.38	3.11
花、果	205.9	141.2	3 978.9	2 834.1	16.21	11.54
合计	863.2	355.0	17 224.0	7 325.6	70.16	29.84

三、红树植物干物质的热值和灰分

林光辉和林鹏（1991）测定了厦门九龙江口秋茄树各部分的灰分含量和热值。热值是指植物单位质量所含的热量。秋茄树各部分干重热值为 17.417～20.139kJ/g，去灰分热值为 19.432～21.981kJ/g，其中花、叶、凋落物的热值较大（表 6-3）。

表 6-3　秋茄树各部分灰分含量和热值

部位	灰分含量（%）	干重热值（kJ/g）	去灰分热值（kJ/g）
花	8.38	20.139	21.981
果	7.21	18.723	20.178
叶	9.41	19.526	21.532
幼枝	8.41	18.485	20.095
多年生枝	4.86	18.879	19.864
树皮	8.37	18.822	20.552
树干材	2.50	19.717	19.663
根	10.60	17.417	19.432
凋落物	8.33	19.435	21.261

红树植物的热值变化与季节和纬度梯度变化有关。例如，厦门九龙江口秋茄树鲜叶的热值高值期为5～6月和9～10月，最低值期为4月。春季和夏季，秋茄树的热值随纬度的增加而下降；秋季，秋茄树的热值变化与纬度关系不明显；冬季，秋茄树的热值则随纬度增加而渐升。

四、红树林元素的累积和循环

（一）营养元素的累积和循环

1. 红树林 N、P 的累积和循环

55 年生海莲林中 N、P 总量分别为 142.74g/m^2 和 16.57g/m^2，其中地上部分分别为 75.31g/m^2 和 7.82g/m^2，地下部分分别为 67.43g/m^2 和 8.75g/m^2。该群落 N、P 元素生物循环中，年吸收量分别为 19.0g/m^2 和 2.41g/m^2，年存留量分别为 7.53g/m^2 和 1.01g/m^2，年归还量分别为 11.47g/m^2 和 1.40g/m^2。它们的 N 含量均大于 P 含量，N 的周转期为 13 年，比 P 的周转期（12 年）长。表 6-4 展示了 3 种红树植物各部位的 N、P 含量（林鹏和吴新华，1990）。

表 6-4　海莲、角果木和桐花树各部位的 N、P 含量（% dw）

部位	海莲		角果木		桐花树	
	N	P	N	P	N	P
叶	1.44	0.14	1.50	0.12	1.25	0.08
花	0.92	0.11	1.48	0.22		
果	0.97	0.09			0.65	0.09
幼枝	0.81	0.09				
枝			0.72	0.12	0.81	0.06
现生枝	0.43	0.04				

续表

部位	海莲		角果木		桐花树	
	N	P	N	P	N	P
枯枝	0.54	0.03				
树干			0.35	0.03	0.32	0.02
树皮	0.49	0.05				
树干材	0.11	0.01				

2. 红树林 K、Na、Ca、Mg 的累积和循环

56 年生海榄雌中 K、Na、Ca、Mg 4 种元素的含量分别为 0.34%～2.91%、0.29%～1.95%、0.23%～3.82%、0.05%～0.98%，平均分别为 0.84%、0.66%、0.76%、0.22%（表 6-5）。对土壤元素的富集系数大小为 Ca＞Na＞K＞Mg。K、Na、Ca、Mg 的总量分别为 139.4g/m²、109.4g/m²、125.9g/m²、37.1g/m²，其中地上部分分别占 55.8%、48.7%、82.9%、48.9%，地下部分分别占 44.2%、51.3%、17.1%、51.1%；年存留累积量分别为 12.3g/m²、8.0g/m²、8.9g/m²、2.7g/m²（林鹏等，1998）。55 年生海莲林中，K、Na 总量分别为 66.99g/m² 和 295.13g/m²，其中地上部分分别为 42.56g/m² 和 90.89g/m²，地下部分分别为 24.43g/m² 和 204.24g/m²。该群落中 k、Na 元素的生物循环中，年吸收量分别为 8.96g/m² 和 20.44g/m²，年归还量分别为 4.90g/m² 和 9.98g/m²，年存留量分别为 4.06g/m² 和 10.46g/m²。K 的周转期为 14 年，比 Na 的周转期（30 年）短（林鹏和何书镇，1990）。

表 6-5　海榄雌各部位 K、Na、Ca、Mg 的含量（% dw）

部位	K	Na	Ca	Mg
叶	1.18	1.95	1.03	0.73
幼枝	1.94	1.02	1.11	0.38
多年生枝	0.69	0.39	0.86	0.16
枯枝	0.34	0.60	1.96	0.25
树干皮	2.91	0.86	3.82	0.53
树干材	0.53	0.29	0.66	0.05
呼吸根	1.19	1.00	0.93	0.40
大根	0.75	0.48	0.23	0.16
中根	1.35	1.38	0.52	0.42
细根	1.47	1.29	0.56	0.98
平均	0.84	0.66	0.76	0.22

红树林生态系统中营养元素的循环是土壤→红树植物→大气→土壤，而碳的循环则为大气→红树植物→土壤→大气。红树林土壤中有机碳的平均含量为 4.58%，1hm² 红树林土壤（0～30cm层）中有机碳总量为 105.73t。土壤中的有机碳来自腐殖质和红树植物的凋落物，而红树植物的有机碳主要来自大气。例如，深圳福田的秋茄树+桐花树群落中，有机碳累积量为 49.26t/hm²，1992 年群落通过光合作用固定的净有机碳为 6.95t/hm²，这是净有机碳收入，而通过凋落物从群落中输出的有机碳量为 5.17t/hm²，累积量大于输出量，表明该群落有持续累积有机碳的趋势（林鹏等，1998）。

（二）4 种重金属元素的累积和循环

对深圳福田红树林秋茄树+桐花树+海榄雌群落对 Cu、Pb、Zn、Cd 的吸收、累积动态进行分析，结果表明，林地 Cu、Pb、Zn、Cd 4 种重金属含量为 42.04μg/g、70.60μg/g、139.12μg/g、2.00μg/g。3 种红树植物各部位对 Cu、Pb、Zn、Cd 4 种重金属元素的富集系数如表 6-6 所示。

表 6-6　3 种红树植物对 Cu、Pb、Zn、Cd 的富集系数

红树植物	部位	Cu	Pb	Zn	Cd
桐花树	叶	0.106	0.091	0.136	0.160
	胚轴	0.144	—	0.083	—
	枝	0.092	0.119	0.159	0.090
	茎	0.239	0.190	0.301	0.210
	根	0.221	0.371	0.562	0.360
	平均	0.160	0.193	0.248	0.205
秋茄树	叶	0.148	0.037	0.139	0.040
	花	0.136	0.043	0.094	—
	枝	0.143	0.320	0.350	0.140
	茎	0.176	0.108	0.211	0.065
	根	0.161	0.344	0.532	0.260
	平均	0.151	0.170	0.225	0.126
海榄雌	叶	0.155	0.042	0.140	0.080
	枝	0.095	0.104	0.135	0.060
	茎	0.153	0.129	0.199	0.090
	根	0.183	0.184	0.465	0.280
	平均	0.146	0.102	0.234	0.127

"—"表示未检出

（三）3 种红树植物各部位 Cu、Pb、Zn、Cd 的含量

由表 6-7 可知，Cu、Pb、Zn、Cd 4 种重金属元素在不同红树植物中的含量有明显差异，在同一红树植物不同部位的含量也有所不同。

表 6-7　3 种红树植物各部位 Cu、Pb、Zn、Cd 的含量　（单位：μg/g）

种名	部位	Cu	Pb	Zn	Cd
桐花树	叶	4.50	6.40	18.98	0.32
	胚轴	6.12	—	11.56	—
	枝	3.88	8.40	22.16	0.18
	茎	10.14	13.40	41.94	0.42
	根	9.36	26.20	78.18	0.72
秋茄树	叶	6.30	2.60	19.36	0.08
	花	5.76	3.00	13.04	—
	枝	5.66	22.60	20.84	0.28
	茎	7.48	7.63	29.34	0.13
	根	6.82	24.20	74.08	0.52
海榄雌	叶	6.52	3.00	19.44	0.16
	枝	4.00	3.80	18.84	0.72
	茎	6.42	9.09	27.71	0.18
	根	7.70	13.00	64.64	0.56

"—" 表示未检出

比较红树植物各部位 Cu、Pb、Zn、Cd 元素的含量，可以大致看出不同重金属元素从根运输到枝、叶再到花、胚轴的速率，在秋茄树体内的迁移速率为 Cu＞Cd＞Zn＞Pb，在桐花树体内为 Cu＞Zn＞Cd＞Pb，在海榄雌体内为 Cu＞Zn＞Cd＞Pb。这说明 Pb 移动性最小，进入土壤的 Pb 易被土壤固定，难以转移到植物的地上部分。植物从土壤中吸收的 Cd，主要分布于根、茎、叶中，籽实中较少。

（四）群落中 Cu、Pb、Zn、Cd 现存累积量与分布

群落中重金属元素的现存累积量是指累积在群落现存生物量中重金属元素的总量，反映红树植物长期吸收而净存留累积在红树植物体内的重金属元素含量（累积量）。

表 6-8 给出了深圳福田秋茄树 + 桐花树 + 海榄雌群落每种不同部位 4 种重金属元素的现存累积量。Cu、Pb、Zn、Cd 在 3 种红树植物体内的现存累积量大小均为桐花树＞海榄雌＞秋茄树。这些重金属元素储存于植物体内不易被次级消费者啃食的部位（如根、茎），避免了向环境中扩散，因而对环境污染具有一定的净化作用。这 4 种重金属元素若过量，会对海洋生物有毒害作用，现行的船底防污漆的防污剂是 Cu_2O，Cu^+ 防污漆的有效防污渗出率是 $10\mu g/cm^2$。Cu 在

桐花树体内的累积量比其他 2 种红树植物高，而桐花树最易被藤壶附着，这是否存在相关性有待研究。

表 6-8　深圳福田秋茄树＋桐花树＋海榄雌群落 4 种重金属元素的现存累积量

（单位：mg/m²）

种类	部位	Cu	Pb	Zn	Cd
桐花树	叶	4.973（0.50%）	2.052（0.50%）	15.282（1.49%）	0.063（0.80%）
	枝	1.182（1.01%）	4.721（1.15%）	4.353（0.42%）	0.858（0.74%）
	茎	26.574（22.79%）	106.109（25.85%）	97.846（9.51%）	1.351（16.81%）
	根	83.875（71.93%）	297.622（7.50%）	911.067（88.58%）	6.395（81.75%）
	总量	116.604	410.504	1028.548	7.823
秋茄树	叶	0.332（5.57%）	0.472（3.11%）	1.399（3.39%）	0.024（6.40%）
	枝	0.853（14.31%）	1.846（12.16%）	4.876（11.81%）	0.040（10.67%）
	茎	1.844（30.94%）	4.658（30.69%）	10.542（25.53%）	0.086（22.93%）
	根	2.930（49.17%）	8.201（54.04%）	24.470（59.27%）	0.225（60.00%）
	总量	5.959	15.177	41.287	0.375
海榄雌	叶	1.657（8.62%）	0.762（2.54%）	4.941（3.28%）	0.041（3.17%）
	枝	0.303（1.57%）	0.288（0.96%）	1.436（0.98%）	0.009（0.69%）
	茎	0.265（1.38%）	0.252（0.84%）	1.247（0.83%）	0.008（0.62%）
	根	17.008（88.43%）	28.714（95.66%）	142.775（94.94%）	1.237（95.52%）
	总量	19.233	30.016	150.399	1.295

注：括号内的数据为占总量的百分比

（五）红树林群落中 Cu、Pb、Zn、Cd 的生物循环

（1）红树林群落中 Cu、Pb、Zn、Cd 的年存留量：红树林群落中 Cu、Pb、Zn、Cd 的年存留量分别为 4.33mg/m²、9.17mg/m²、29.90mg/m²、0.23mg/m²，4 种元素的种间差异为海榄雌＞秋茄树＞桐花树。

（2）红树林群落中 Cu、Pb、Zn、Cd 的年归还量：Cu、Pb、Zn、Cd 的年归还量分别为 14.64mg/m²、7.26mg/m²、59.29mg/m²、0.16mg/m²。

（3）红树林群落中 Cu、Pb、Zn、Cd 的年吸收量及周转期：红树林群落对 Cu、Pb、Zn、Cd 的年吸收量依次为 18.97mg/m²、16.43mg/m²、89.19mg/m²、0.39mg/m²，其中群落的年存留量分别占 22.83%、55.81%、33.52%、58.97%，年归还量分别占 77.17%、44.19%、66.48%、41.03%，即 Cu、Zn 年归还量大于年存留量，Pb、Cd 年存留量大于年归还量。红树林群落 Cu、Pb、Zn、Cd 元素的周转期分别为 10 年、63 年、21 年、58 年，周转期长短顺序为 Pb＞Cd＞Zn＞Cu，Cu 和 Zn 的周转期比 Cd 和 Pb 短得多。

第七章

中国红树林的保护和种植

第一节 海岸带开发对红树林的破坏

全世界热带海岸 75% 曾分布有红树林，随着人口增加，对海岸带开发力度加大，自然分布的红树林不断遭到破坏。

联合国环境规划署 / 全球环境基金（UNEP/GEF）的《中国红树林国家报告》表明，中国红树林面积历史上曾达 25 万 hm^2，20 世纪 50 年代仅剩 4 万 hm^2。2002 年国家林业局森林资源管理司的《全国红树林资源调查报告》表明，2001 年全国红树林面积为 22 639hm^2，并且绝大部分是天然林。目前，全国的红树林只有 8% 处于原始状态，其他均为次生林。

外来有害入侵种对红树植物特别是低矮的海榄雌也会造成危害。例如，福建泉州湾大片的海榄雌林被互花米草 *Spartina alterniflora* 侵占，1～2m 高的互花米草甚至覆盖了桐花树，这种草每年可以向外扩张 5m。互花米草不但严重侵占水产养殖滩涂，而且危及红树植物，是当时水产养殖户和自然保护区的重点防治对象（黄宗国，2004）。

第二节 红树林的修复和保护

人们目前已认识到红树林的生态意义，权衡开发与保护的关系，因而在开发海岸带时，对被破坏的红树林进行修复和种植，建立红树林自然保护区。目前修复或种植红树植物大多用秋茄树的胎生苗。例如,福建泉州湾洛阳江口在原有桐花树林（少量海榄雌）的光滩上种植秋茄树,取得了较好的效果。又如，福建厦门九龙江口南岸的茂密红树林就是种植秋茄树形成的，北岸仍保护桐花树天然林，但在白礁岸段的光滩上也种植秋茄树。

建立红树林自然保护区是保护和修复红树林的重要举措之一。1980 年至今，全国已建 31 个红树林自然保护区，包括 1 个国际级、6 个国家级，其他为省级、市级、县级，单一保护红树林生态系统的有 24 个，其他 7 个是红树林生态系统与珍稀动物联合保护（表 7-1）。

表 7-1 中国的红树林自然保护区

名称	级别	名称	级别
福建		程村豪光红树林	县级
泉州湾河口湿地	省级	广西	
漳江口红树林	国家级	山口红树林	国家级
龙海九龙江河口湿地	县级	北仑河口	国家级
龙海九龙江口红树林	省级	茅尾海红树林	省级
环三都澳	省级	海南	
香港		东寨港	国家级
米埔	国际级	三亚河红树林	市级
广东		铁炉港红树林	市级
大鹏半岛	市级	亚龙湾青梅港	市级
内伶仃岛—福田	国家级	新英湾红树林	市级
淇澳—担杆岛	省级	清澜红树林	省级
广东湛江红树林	国家级	花场湾沿岸红树林	县级
苍头、南山红树林	县级	彩桥红树林	县级
茂港红树林	县级	台湾	
电白红树林	市级	淡水河红树林	省级
惠东红树林	市级	彰云嘉沿海保护区	省级
南万红树林	省级	台南北门湿地	省级
平冈红树林湿地	县级		

资料来源:《2011 全国自然保护区名录》《米埔沼泽》

参考文献

陈兴群. 1989. 厦门嵩屿火电厂及其附近微型底栖藻类的叶绿素及硅藻 // 国家海洋局第三海洋研究所. 厦门嵩屿火电厂及其附近潮间带生态调查报告. 北京: 海洋出版社: 190-235.

范航清, 陈坚, 黎建玲. 1993a. 广西红树林上大型固着污损动物的种类组成及分布. 广西科学院学报, 9(2): 58-62.

范航清, 程兆第, 刘师成, 等. 1993b. 广西红树林生境底栖硅藻的种类. 广西科学院学报, 9(2): 37-42.

范航清, 梁士楚. 1995. 中国红树林研究与管理. 北京: 科学出版社: 208.

国家海洋局. 2014. 中国海洋统计年鉴 2013. 北京: 海洋出版社: 289.

国家林业局森林资源管理司. 2002. 全国红树林资源调查报告.

何景. 1957. 红树林的生态学. 生物学通报, (8): 1-5.

黄勃, 李昌文, 姚发盛, 等. 2009. 东寨港海草分布特征及其底栖生物多样性研究 // 廖宝文. 海南东寨港红树林湿地生态系统研究. 青岛: 中国海洋大学出版社: 133-139.

黄宗国. 2004. 海洋河口湿地生物多样性. 北京: 海洋出版社: 426.

江锦祥. 1989. 厦门嵩屿火电厂及其附近潮间带生态调查报告. 北京: 海洋出版社: 235.

蒋国芳, 洪芳. 1993. 山口红树林自然保护区昆虫的初步调查. 广西科学院学报, 9(2): 63-66.

廖宝文. 2009. 海南东寨港红树林湿地生态系统研究. 青岛: 中国海洋大学出版社: 453.

廖宝文, 郑松发, 陈玉军, 等. 2006. 海南东寨港几种国外红树植物引种初报. 中南林学院学报, 26(3): 63-67.

林光辉, 林鹏. 1988. 海莲、秋茄两种红树群落能量的研究. 植物生态学报, 12(1): 31-39.

林光辉, 林鹏. 1991. 红树植物秋茄热值及其变化的研究. 生态学报, 11(1): 44-48.

林来官, 黄友儒. 1962. 福建红树植物群落. 福建师范学院学报, (4): 87-104.

林鹏. 1984. 红树林. 北京: 海洋出版社.

林鹏. 2001. 中国红树林研究进展. 厦门大学学报(自然科学版), 40(2): 592-603.

林鹏, 何书镇. 1990. 海南岛海莲红树林的钾钠元素的累积和循环. 植物生态学报, 14(4): 312-318.

林鹏, 卢昌义, 林光辉, 等. 1985. 九龙江口红树林研究 I. 秋茄群落的生物量和生产力. 厦门大学学报(自然科学版), 24(4): 508-514.

林鹏, 吴新华. 1990. 海莲红树林氮磷的累积和循环. 厦门大学学报(自然科学版), 29(4): 464-467.

林鹏, 郑文教, 林振基, 等. 1998. 深圳白骨壤林钾、钠、钙和镁的累积和分布 // 郎惠卿, 林鹏, 陆健健. 中国湿地研究和保护. 上海: 华东师范大学出版社: 273-278.

刘维刚, 林益明, 陈贞奋, 等. 2001. 福建红树林区海藻的分布及季节变化. 海洋学报, 23(3): 78-86.

罗大民, 方文珍, 陈雪平, 等. 2003. 厦门马銮湾湿地昆虫 // 林鹏. 厦门马銮湾湿地及其生态重构示范区生态背景调查报告. 厦门: 厦门大学出版社: 89-98.

罗柳青, 钟才荣, 侯学良, 等. 2017. 中国红树植物 1 个新记录种——拉氏红树. 厦门大学学报(自然科学版), 56(3): 346-350.

潘文, 周涵韬, 陈攀, 等. 2005. 木榄属 3 种红树植物的遗传变异和亲缘关系分析. 海洋科学, 29(5): 23-28.

孙湘平. 2006. 中国近海区域海洋. 北京: 海洋出版社: 376.

王伯荪, 廖宝文, 王勇军, 等. 2002. 深圳湾红树林生态系统及其持续发展. 北京: 科学出版社: 362.

王瑁, 等. 2013. 海南东寨港红树林软体动物. 厦门: 厦门大学出版社: 166.

王瑞江, 陈忠毅, 陈二英, 等. 1999. 国产海桑属植物的两个杂交种. 广西植物, 19(3): 199-204.

王文卿, 陈琼. 2013. 南方滨海耐盐植物资源(一). 厦门: 厦门大学出版社: 444.

王文卿, 王瑁. 2007. 中国红树林. 北京: 科学出版社: 186.

韦受庆, 陈坚, 范航清. 1993. 广西山口红树林保护区大型底栖动物及其生态学的研究. 广西科学院学报, 9(2): 45-57.

张飞萍, 杨志伟, 江宝福, 等. 2008. 红树林考氏白盾蚧的初步研究. 福建林学院学报, 28(3): 220-224.

张宏达, 陈桂珠, 刘治平, 等. 1998. 深圳福田红树林湿地生态系统研究. 广州: 广东科技出版社: 204.

张汝国, 宋建阳, 李利村. 1992. 广东和海南红树林研究(Ⅱ)——红树群落的能量固定和转化. 广州师院学报(自然科学版), (1): 68-73.

张希然, 罗旋, 陈研华. 1991. 红树林和酸性潮滩土. 自然资源学报, 6(1): 55-62.

郑德璋, 廖宝文, 郑松发, 等. 1999. 红树林主要树种造林与经营技术研究. 北京: 科学出版社: 365.

郑逢中, 卢昌义, 郑文教, 等. 2000. 福建九龙江口秋茄红树林凋落物季节动态及落叶能量季节流. 厦门大学学报(自然科学版), 39(5): 694-698.

中国人民解放军海军司令部航海保证部. 2014. 2015 潮汐表: 南海海区. 天津: 中国航海图书出版社: 东海区, 324; 南海区, 312.

周放, 等. 2010. 中国红树林区鸟类. 北京: 科学出版社: 342, Ⅷ图版.

周美英, 郑志成, 姚炳新. 1988. 红树林根际放线菌的组成及生物活性. 厦门大学学报(自然科学版), 28(3): 306-310.

Burki F, Roger A J, Brown M W, et al. 2020. The new tree of eukaryotes. Trends in Ecology & Evolution, 35(1): 43-55.

Dahdouh-Guebas F. 2022. World Mangroves Database. https://www.marinespecies.org/mangroves.

Duke N C. 2010. Overlap of eastern and western mangroves in the South-western Pacific: Hybridization of all three *Rhizophora* (Rhizophoraceae) combinations in New Caledonia. Blumea-Biodiversity, Evolution and Biogeography of Plants, 55(2): 171-188.

Duke N C. 2017. Mangrove floristics and biogeography revisited: Further deductions from biodiversity hot spots, ancestral discontinuities, and common evolutionary processes//Mangrove Ecosystems: A Global Biogeographic Perspective. Cham: Springer: 17-53.

Duke N C, Ge X J. 2011. *Bruguiera* (Rhizophoraceae) in the Indo-West Pacific: A morphometric assessment of hybridization within single-flowered taxa. Blumea-Biodiversity, Evolution and Biogeography of Plants, 56(1): 36-48.

Hamilton L S, Snedaker S C. 1984. Handbook for Mangrove Area Management. UNESCO.

IUCN. 2022. The IUCN Red List of Threatened Species. https://www.iucnredlist.org/.

Kirby J S, Stattersfield A J, Butchart S H M, et al. 2008. Key conservation issues for migratory land- and waterbird species on the world's major flyways. Bird Conservation International, 18(S1): S49-S73.

Lin P, Fu Q. 1995. Environmental Ecology and Economic Utilization of Mangroves in China. Beijing: CHEP.

Low J K Y, Arshad A, Lim K H. 1994. Mangroves as a habitat for endangered species and biodiversity conservation//Wilkinson C R, Sudara S, Chou C L. Proceedings, Third ASEAN-Australia Symposium on Living Coastal Resources, 1: Status Reviews. Bangkok: Chulalongkorn University.

Meepol W, Maxwell G S, Havanond S. 2020. *Aglaia cucullata*: A little-known mangrove with big potential for research. ISME/GLOMIS Electronic Journal, 18(1): 4-9.

Quadros A, Zimmer M. 2017. Dataset of "true mangroves" plant species traits. Biodiversity Data Journal, 5: e22089.

Ragavan P, Saxena A, Jayaraj R S C, et al. 2015. *Rhizophora* × *mohanii*: A putative hybrid between *Rhizophora mucronata* and *Rhizophora stylosa* from mangroves of the Andaman and Nicobar Islands, India. ISME/GLOMIS Electronic Journal, 13: 3-7.

Ragavan P, Zhou R, Ng W L, et al. 2017. Natural hybridization in mangroves–an overview. Botanical Journal of the Linnean Society, 185(2): 208-224.

Shong H, Jin T S, Mei L H. 1998. Mangroves of Taiwan. Taiwan Endemic Species Research Institute: 176.

Simpson A, Roger A J. 2004. The real 'kingdoms' of eukaryotes. Current Biology, 14(17): 693-696.

Spalding M D, Kainuma M, Collins L. 2010. World Atlas of Mangroves.

Tam N F Y, Wong Y S. 2000. Hong Kong Mangroves. Hong Kong: City University of Hong Kong Press: 148.

Tomlinson P B. 2016. The Botany of Mangroves. Cambridge: Cambridge University Press.

Valiela I, Bowen J L, York J K. 2001. Mangrove forests: One of the world's threatened major tropical environments. BioScience, 5(10): 807-815.

Vrijmode L L P. 1986. Preliminary observations of lignicolous marine fungi from mangroves in Hong Kong// Proceedings of the Second International Marine Biological Workshop. The Marine Flora and Fauna of Hong Kong and Southern China. Hong Kong: Hong Kong University Press: 701-706.

Wang B S, Liang S C, Zhang W Y, et al. 2003. Mangrove flora of the world. Acta Botanica Sinica, 45(6): 644-653.

Wang L M, Mu M R, Li X F, et al. 2011. Differentiation between true mangroves and mangrove associates based on leaf traits and salt contents. Journal of Plant Ecology, (4): 292-301.

Webber M, Calumpong H, Ferreira B, et al. 2017. Mangroves//The First Global Integrated Marine Assessment: World Ocean Assessment Ⅰ. Cambridge: Cambridge University Press.

Zhang R, Liu T, Wu W, et al. 2013. Molecular evidence for natural hybridization in the mangrove fern genus *Acrostichum*. BMC Plant Biology, 13(1): 1-9.

第三篇

海草场生态系统

第八章

海　草

第一节　海草的特点

一、海草

海草（seagrass）是生活于热带到北极圈浅海的显花性单子叶植物，分布于除南极外的浅海区（Laffoley and Grimsditch，2009）。海草有别于海藻和盐沼植物，海藻不开花、不结果，以孢子繁殖后代，盐沼植物主要分布于潮间带高潮区，而海草因成片分布而形成海草场。海草场也称海草床（Castro and Huber，2010；Vermaat et al.，1997）。

二、海草的形态特点

海草在进化中为适应生境有一些特异的形态。

根和茎：海草具有极发达的根状茎，横向水平生长在浅海和低潮区土壤中，与沉积物紧密结合在一起，形成海草场。根一般从根状茎或各短枝的基部长出，通常根较粗、多肉质。

叶：海草的叶通常生于直立茎之上或从根茎上长出。叶片扁平柔软，呈丝带状、卵形、椭圆形、毛尖形或圆柱形（因不同种、属而异），因而能在运动的海水中保持直立。

花：花小、不明显或极少开花，构造上大多退化，呈淡白色，着生于叶簇的基部，雄花花药及雌花花柱和柱头能伸出花瓣。花粉呈细长形或者球形，通常呈胶状团释放，随水流扩散。海菖蒲属的花能伸出水面，球形的花粉从脱离植物体后自由漂浮的佛焰苞中释放。大多数海草雌雄异株，而极少数雌雄同株，表现为雌蕊早熟。雌性器官早熟的有鳗草属、异叶草属、喜盐草属。

通气组织：海草不同种之间的内部结构是相当一致的，为典型的水生植物。全部海草的叶片、短枝、根状茎和根都具有水生植物的通气组织。这种特化的薄壁组织由一个规则的排列气道或腔隙构成，有助于叶子漂浮，便于植物体的气体交换。与陆生植物相比，海草的叶片构造高度退化，叶表皮具有叶绿体，维管束不发达（范航清等，2009）。

三、海草的生态特点

海草通常分布于 6m 以浅的浅海区，但也有分布至 90m 的记录（Short et al.，2007）。海草的极限生长水深取决于到达该水层的光照强度是否能满足海草的光合作用所需。在一定范围内光照强度越大，海草的生长就越快。水压随水深发生变化，当水压超过一定限度时，海草就会停止光合作用。海草生长于有盐介质中，盐度变化影响海草的有性生殖，进而影响海草的传播和分布。温度影响海草的季节性繁殖、生长、开花和种子萌发。海草的光合作用与光照和海水中的 CO_2 紧密相关（范航清等，2011）。

第二节　全球海草的种类和分布

关于全球海草的种类，Short 和 Novak（2016）认为，全球海洋记录海草 6 科 13 属 72 种，黄小平等（2018）认为，全球海草有 74 种，隶属 6 科 13 属。海草不是分类学单元，而是广泛分布于全球浅海和咸水环境中的显花植物，依据世界海草数据库 Seagrasses of the World（Smith et al.，2011）、世界植物名录 Plants of the World Online（POWO，2022）和国际植物名称索引 International Plant Names Index（IPNI，2022），目前全球已记录的海草有 138 种（含亚种、变种和杂交种），隶属 7 科 19 属（表 8-1）。

表 8-1　全球的海草种类

种类	主要参考文献	
Alismataceae		
Alisma		
Alisma wahlenbergii	Smith et al.，2011；POWO，2022	
Cymodoceaceae		
Amphibolis		
Amphibolis antarctica	Smith et al.，2011；POWO，2022	
Amphibolis griffithii	Smith et al.，2011；POWO，2022	
Cymodocea		
Cymodocea angustata	Smith et al.，2011；POWO，2022	
Cymodocea asiatica	POWO，2022	
Cymodocea nodosa	Smith et al.，2011；POWO，2022	
Cymodocea rotundata	Smith et al.，2011；POWO，2022	
Halodule		
Halodule bermudensis	Smith et al.，2011；POWO，2022	
Halodule ciliata	Smith et al.，2011；POWO，2022	
Halodule emarginata=Halodule lilianeae	Smith et al.，2011；POWO，2022	

续表

种类	主要参考文献
Halodule pinifolia	Smith et al.，2011；POWO，2022
Halodule tridentata	Smith et al.，2011；POWO，2022
Halodule uninervis	Smith et al.，2011；POWO，2022
Halodule wrightii=Halodule beaudettei	Smith et al.，2011；POWO，2022
Halodule × linearifolia	IPNI，2022
Halodule × serratifolia	IPNI，2022
Oceana	
Oceana serrulata≡Cymodocea serrulata	Smith et al.，2011；POWO，2022
Syringodium	
Syringodium filiforme	Smith et al.，2011；POWO，2022
Syringodium isoetifolium	Smith et al.，2011；POWO，2022
Thalassodendron	
Thalassodendron ciliatum	Smith et al.，2011；POWO，2022
Thalassodendron leptocaule	Smith et al.，2011；POWO，2022
Thalassodendron pachyrhizum	Smith et al.，2011；POWO，2022
Posidoniaceae	
Posidonia	
Posidonia angustifolia	Smith et al.，2011；POWO，2022
Posidonia australis	Smith et al.，2011；POWO，2022
Posidonia coriacea	Smith et al.，2011；POWO，2022
Posidonia denhartogii	Smith et al.，2011；POWO，2022
Posidonia kirkmanii	Smith et al.，2011；POWO，2022
Posidonia oceanica	Smith et al.，2011；POWO，2022
Posidonia ostenfeldii	Smith et al.，2011；POWO，2022
Posidonia robertsoniae	Smith et al.，2011
Posidonia sinuosa	Smith et al.，2011；POWO，2022
Ruppiaceae	
Ruppia	
Ruppia didyma=Ruppia anomala	Smith et al.，2011；POWO，2022
Ruppia brevipedunculata	Smith et al.，2011

续表

种类	主要参考文献	
Ruppia sinensis	Smith et al.，2011	
Ruppia maritima=*Ruppia rostellata*	Smith et al.，2011；POWO，2022	
Ruppia mexicana	Smith et al.，2011	
Ruppia megacarpa	Smith et al.，2011；POWO，2022	
Ruppia bicarpa	Smith et al.，2011	
Ruppia drepanensis	Smith et al.，2011	
Ruppia filifolia	Smith et al.，2011；POWO，2022	
Ruppia occidentalis	Smith et al.，2011	
Ruppia polycarpa	Smith et al.，2011；POWO，2022	
Ruppia spiralis	Smith et al.，2011	
Ruppia cirrhosa	Smith et al.，2011；POWO，2022	
Ruppia tuberosa	Smith et al.，2011；POWO，2022	
Hydrocharitaceae		
Enhalus		
Enhalus acoroides	Smith et al.，2011；POWO，2022	
Halophila		
Halophila sect. *americanae*		
Halophila baillonis	Smith et al.，2011；POWO，2022	
Halophila engelmannii	Smith et al.，2011；POWO，2022	
Halophila sect. *australes*		
Halophila australis	Smith et al.，2011；POWO，2022	
Halophila sect. *decipientes*		
Halophila capricorni	Smith et al.，2011；POWO，2022	
Halophila decipiens	Smith et al.，2011；POWO，2022	
Halophila sulawesii	Smith et al.，2011；POWO，2022	
Halophila sect. *halophila*		
Halophila major	Smith et al.，2011；POWO，2022	
Halophila mikii	Smith et al.，2011；POWO，2022	
Halophila ovalis	Smith et al.，2011	
Halophila ovalis subsp. *bullosa*	POWO，2022	

续表

种类	主要参考文献
Halophila ovalis subsp. *linearis*=*Halophila linearis*	POWO，2022
Halophila ovalis subsp. *ovalis*	POWO，2022
Halophila ovalis subsp. *ramamurthiana*	POWO，2022
Halophila hawaiiana	Smith et al.，2011；POWO，2022
Halophila johnsonii	Smith et al.，2011
Halophila linearis	Smith et al.，2011
Halophila madagascariensis	Smith et al.，2011
Halophila minor	Smith et al.，2011
Halophila ramamurthiana	Smith et al.，2011
Halophila gaudichaudii	Smith et al.，2011
Halophila nipponica=*Halophila japonica*	Smith et al.，2011
Halophila nipponica subsp. *nipponica*	Smith et al.，2011
Halophila nipponica subsp. *notoensis*	Smith et al.，2011
Halophila okinawensis	Smith et al.，2011
Halophila × *tanabensis*	Smith et al.，2011
Halophila sect. *microhalophila*	
Halophila beccarii	Smith et al.，2011
Halophila sect. *spinulosae*	
Halophila spinulosa	Smith et al.，2011
Halophila sect. *stipulacea*	
Halophila balfourii	Smith et al.，2011
Halophila stipulacea	Smith et al.，2011
Halophila sect. *tricostata*	
Halophila tricostata	Smith et al.，2011
Najas	
Najas marina	Smith et al.，2011
Thalassia	
Thalassia hemprichii	Smith et al.，2011
Thalassia testudinum	Smith et al.，2011

Potamogetonaceae=Zannichelliaceae

续表

种类	主要参考文献	
Althenia=Lepilaena		
Althenia australis	Smith et al., 2011; POWO, 2022	
Althenia bilocularis	Smith et al., 2011; POWO, 2022	
Althenia cylindrocarpa	Smith et al., 2011; POWO, 2022	
Althenia filiformis	Smith et al., 2011	
Althenia hearnii	Smith et al., 2011	
Althenia marina	Smith et al., 2011; POWO, 2022	
Althenia orientalis	Smith et al., 2011	
Althenia patentifolia	Smith et al., 2011; POWO, 2022	
Althenia preissii	Smith et al., 2011; POWO, 2022	
Althenia tzvelevii	Smith et al., 2011	
Pseudalthenia		
Pseudalthenia aschersoniana	Smith et al., 2011	
Stuckenia		
Stuckenia amblyophylla	Smith et al., 2011; POWO, 2022	
Stuckenia filiformis	Smith et al., 2011; POWO, 2022	
Stuckenia macrocarpa	Smith et al., 2011; POWO, 2022	
Stuckenia pamirica	Smith et al., 2011; POWO, 2022	
Stuckenia pectinata≡Potamogeton pectinatus	Smith et al., 2011; POWO, 2022	
Stuckenia striata	Smith et al., 2011; POWO, 2022	
Stuckenia vaginata	Smith et al., 2011; POWO, 2022	
Stuckenia × bottnica	Smith et al., 2011; POWO, 2022	
Stuckenia × fennica	Smith et al., 2011; POWO, 2022	
Stuckenia × suecica	Smith et al., 2011; POWO, 2022	
Zannichellia		
Zannichellia sect. *monopus*		
Zannichellia contorta	Smith et al., 2011; POWO, 2022	
Zannichellia obtusifolia	Smith et al., 2011; POWO, 2022	
Zannichellia peltata	Smith et al., 2011; POWO, 2022	
Zannichellia sect. *zannichellia*	Smith et al., 2011	

续表

种类	主要参考文献
Zannichellia andina	Smith et al.，2011；POWO，2022
Zannichellia major	Smith et al.，2011
Zannichellia melitensis	Smith et al.，2011
Zannichellia palustris	Smith et al.，2011；POWO，2022
Zannichellia palustris subsp. *palustris*	Smith et al.，2011；POWO，2022
Zannichellia palustris subsp. *repens*	Smith et al.，2011；POWO，2022
Zannichellia pedunculata	Smith et al.，2011
Zosteraceae	
Phyllospadix	
Phyllospadix iwatensis	Smith et al.，2011；POWO，2022
Phyllospadix japonicus	Smith et al.，2011；POWO，2022
Phyllospadix juzepczukii	Smith et al.，2011；POWO，2022
Phyllospadix scouleri	Smith et al.，2011；POWO，2022
Phyllospadix serrulatus	Smith et al.，2011；POWO，2022
Phyllospadix torreyi	Smith et al.，2011；POWO，2022
Phyllospadix × choshiensis	POWO，2022
Zostera	
Zostera chilensis	Smith et al.，2011
Zostera nigricaulis	Smith et al.，2011；POWO，2022
Zostera polychlamys	Smith et al.，2011；POWO，2022
Zostera tasmanica	Smith et al.，2011；POWO，2022
Zostera asiatica	Smith et al.，2011；POWO，2022
Zostera caespitosa	Smith et al.，2011；POWO，2022
Zostera caulescens	Smith et al.，2011；POWO，2022
Zostera geojeensis	Smith et al.，2011
Zostera marina	Smith et al.，2011；POWO，2022
Zostera marina var. *angustifolia*	Smith et al.，2011
Zostera pacifica	Smith et al.，2011
Zostera capensis	Smith et al.，2011；POWO，2022
Zostera japonica	Smith et al.，2011；POWO，2022

种类	主要参考文献	
Zostera japonica subsp. *austroasiatica*	Smith et al., 2011	
Zostera muelleri	Smith et al., 2011	
Zostera muelleri subsp. *capricorni*	Smith et al., 2011；POWO，2022	
Zostera muelleri subsp. *mucronata*	Smith et al., 2011	
Zostera muelleri subsp. *muelleri*	Smith et al., 2011	
Zostera muelleri subsp. *novazelandica*	Smith et al., 2011	
Zostera noltei	Smith et al., 2011；POWO，2022	

"×"表示杂种；"="表示同种异名；"≡"表示同模式异名

　　根据海草的种类组合和地理分布特征，Short 等（2001）认为全球海草可分为 10 个地理区，即北太平洋区、智利区、北大西洋区、加勒比海区、西南大西洋区、地中海区、东南大西洋区、南非区、印度—太平洋区和南澳大利亚区。上述各地理区间存在间断，于是，在获得数据补充后，Short 等（2007）将全球海草分为 6 个地理区，尔后，地理区被称为生物区（Short and Novak，2016），即温带北大西洋生物区、热带大西洋生物区、地中海生物区、温带北太平洋生物区、热带印度—太平洋生物区和温带南大洋生物区。全球 6 个海草生物区的地理范围及海草的种类组成如下。

　　（1）温带北大西洋生物区：从美国北卡罗来纳州到葡萄牙。种类组成：川蔓草属 *Ruppia* 1 种，鳗草属 *Zostera* 2 种，丝粉草属 *Cymodocea* 1 种，二药草属 *Halodule* 1 种。

　　（2）热带大西洋生物区：包括加勒比海、墨西哥湾、百慕大群岛、巴哈马群岛和热带大西洋沿岸。种类组成：二药草属 6 种，针叶草属 *Syringodium* 1 种，泰来草属 *Thalassia* 1 种，喜盐草属 *Halophila* 1 种。

　　（3）地中海生物区：包括地中海、黑海、里海、咸海和西北非。种类组成：丝粉草属 1 种，波喜荡草属 *Posidonia* 1 种，川蔓草属 2 种，鳗草属 2 种，二药草属 2 种。

　　（4）温带北太平洋生物区：从朝鲜至巴哈马和墨西哥。种类组成：虾形草属 *Phyllospadix* 5 种，川蔓草属 1 种，鳗草属 5 种，喜盐草属 4 种。

　　（5）热带印度—太平洋生物区：从东非、南亚、热带澳大利亚至东太平洋。在 6 个生物区中，该生物区地理范围最大，海草种类最多。种类组成：丝粉草属 3 种，海菖蒲属 *Enhalus* 1 种，二药草属 3 种，喜盐草属 8 种，川蔓草属 1 种，针叶草属 1 种，泰来草属 1 种，全楔草属 *Thalassodendron* 1 种，鳗草属 5 种。

　　（6）温带南大洋生物区：包括新西兰、温带澳大利亚、南美洲和南非。种类组成：根枝草属 *Amphibolis* 2 种，波喜荡草属 4 种，川蔓草属 3 种，全楔草属 1 种，鳗草属 3 种，喜盐草属 2 种，针叶草属 1 种。

第三节　海草的分类

海草不是单一演化起源，而是一个多系群。依据被子植物分类系统（The Angiosperm Phylogeny Group，2009，2016），本书提出海草分类系统，见表8-2。海草隶属被子植物 Angiosperms 单子叶植物分支 Monocots 泽泻目 Alismatales，共有7科19属。

表8-2　海草分类系统

拉丁名	中文名
Angiosperms	被子植物
Order Alismatales	泽泻目
Family Alismataceae	泽泻科
Genus *Alisma*	泽泻属
Family Cymodoceaceae	丝粉草科
Genus *Amphibolis*	根枝草属
Genus *Cymodocea*	丝粉草属
Genus *Halodule*	二药草属
Genus *Oceana*	海洋草属
Genus *Syringodium*	针叶草属
Genus *Thalassodendron*	全楔草属
Family Posidoniaceae	波喜荡草科
Genus *Posidonia*	波喜荡草属
Family Ruppiaceae	川蔓草科
Genus *Ruppia*	川蔓草属
Family Hydrocharitaceae	水鳖科
Genus *Enhalus*	海菖蒲属
Genus *Halophila*	喜盐草属
Genus *Najas*	茨草属
Genus *Thalassia*	泰来草属
Family Potamogetonaceae	眼子菜科
Genus *Althenia*	柱果草属
Genus *Pseudalthenia*	瘤果草属
Genus *Stuckenia*	篦齿眼子菜属
Genus *Zannichellia*	角果草属
Family Zosteraceae	鳗草科
Genus *Phyllospadix*	虾形草属
Genus *Zostera*	鳗草属

第九章

中国的海草

黄小平等（2018）报道，中国已记录 22 种海草，分别隶属于 4 科 10 属，但他们未将中国已记录的波喜荡草科 Posidoniaceae 的波喜荡草 *Posidonia australis* 列入，因此，中国已记录的海草应为 5 科 23 种。

第一节　鳗草科 Zosteraceae

1. 鳗草 *Zostera marina* Linnaeus

多年生草本。根状茎匍匐生长，每节有 1 枚先出叶和多数须根，直立茎呈管状、侧扁。先出叶具鞘而无叶片，长 2~5mm，膜质，半透明，呈套管状，鞘内有 2 枚或 4 枚小鳞片。生殖枝长可达 100cm，具佛焰苞多枚。花小，雌雄同株。瘦果。花果期 3~7 月。半水媒传粉。

记录于辽宁的大连、兴城和绥中，河北的北戴河，山东的龙口、长岛[1]、荣成、乳山、青岛。

2. 丛生鳗草 *Zostera caespitosa* Miki

多年生沉水草本显花植物，呈丛生状。根状茎极短而近直立，节间长一般不超过 5mm，节生 1 枚先出叶和多数须根。营养枝具 3~4 枚叶。叶片呈线形、直生，长达 70cm。生殖枝长 30~60cm，具佛焰苞数枚至 10 枚。花小、单性，雌雄同株。瘦果，呈卵形或椭圆形。花果期 4~6 月，半水媒传粉。

记录于辽宁的大连和绥中，河北的秦皇岛，山东的烟台、荣成和青岛，华南未见报道。

3. 具茎鳗草 *Zostera caulescens* Miki

多年生草本。根状茎匍匐。节生 1 枚先出叶和多数须根。营养枝呈半闭合管状，具叶数枚，叶片长 50cm，先端钝，初级叶脉 5~9 条、平行，脉间附束 4~6 条，与初级叶脉垂直排列。生殖枝长可达 100cm，下部分枝生有佛焰苞，上部分枝仅生营养叶。叶先端钝圆或具小突尖。花小，雌雄同株。瘦果。花期 4~6 月。半水媒传粉。

记录于辽宁大连。

---

[1]　海草的分布地按当时记录的地名列举出，本篇余同。

4. 宽叶鳗草 *Zostera asiatica* Miki

多年生草本。根状茎匍匐，节生 1 枚先出叶和多数须根。营养枝具叶数枚，早期扁平而呈闭合管状。叶片扁平、呈线形、长可达 100cm，先端钝至截形、常微凹。初级叶脉 7～11 条、平行，脉间附束 7～9 条，与初级叶脉垂直排列。生殖枝长逾 100cm。花小，雌雄同株。瘦果。花期 7 月至翌年 3 月。半水媒传粉。

记录于辽宁大连。

5. 日本鳗草 *Zostera japonica* Ascherson & Graebner

多年生草本。根状茎发达、匍匐。节生 1 枚先出叶和数条须根。营养枝具 2～4 枚叶，初级叶脉 3 条、平行，次级叶脉与初级叶脉垂直排列。生殖枝具佛焰苞几枚至多枚。花小，雌雄同株。瘦果。种子呈棕色。花期 6～9 月。半水媒传粉。

记录于辽宁的绥中和大连，河北的北戴河，山东的蓬莱、龙口、潍坊和青岛，福建的晋江、厦门和东山，台湾，广东的汕头、汕尾、阳江、湛江，香港，广西的北海、钦州和防城港，海南的海口、陵水和新盈。中国记录的 5 种鳗草中，仅该种分布到全国南北沿岸，其他 4 种主要分布在山东、辽宁等北方沿岸。

6. 黑纤维虾形草 *Phyllospadix japonicus* Makino

多年生草本。根状茎粗短、匍匐，每节具 1 枚叶和 2 条不分枝的根。植株基部常为一丛缠结的黑褐色毛状纤维所包围。茎短缩。叶互生，叶舌短，3 脉。叶片扁平，呈线形，长 25～100cm，全缘或近顶端边缘初时具鳍刺状齿，叶端钝圆、常微凹。花序腋生。雌雄同株。果实背腹平扁，呈新月形。花期 3～5 月，果期 6～8 月。半水媒传粉。

记录于辽宁大连、河北、山东胶东。

7. 红纤维虾形草 *Phyllospadix iwatensis* Makino

多年生沉水草本。根状茎粗短、匍匐，每节具 1 枚叶、2 条根。植株基部常为一丛缠结的棕红色毛状纤维所包围，长可达 10cm。茎短缩。叶 5 脉，长 100～150cm，下部全缘，上部边缘具连续的鳍刺状齿。叶端钝，初级叶脉 5 条，纵生于叶端汇合，次级叶脉横生，与初级叶脉垂直排列。花序腋生，具佛焰苞 1 枚，弯虾形。雌雄同株，雄花由单一雄蕊组成。果实平扁，呈新月形，种子呈椭圆形。花期 4～6 月，果期 8～10 月。半水媒传粉。

记录于辽宁的大连，河北，山东的龙口、烟台、威海和青岛。

第二节　波喜荡草科 Posidoniaceae

波喜荡草（聚伞藻、聚散藻）*Posidonia australis* Hook. f.

多年生沉水草本。根状茎匍匐、侧扁、呈棕红色，密被厚层长纤维。每节具鞘状鳞片 1 枚、须根 1 条。直立茎明显缩短。叶片呈线形、略弯，长 60～90cm，全缘，先端钝圆或呈截形，叶脉 11～21 条、平行。穗状花序 2～7 枚着生于伸长的花序梗上，穗长 3～7.5cm，每穗长 3～6 花。花两性。核果。种子 1 枚。

记录于海南三亚。

第三节　丝粉草科 Cymodoceaceae

1. 圆叶丝粉草 *Cymodocea rotundata* Ascherson & Schweinf.

沉水草本。根状茎匍匐，每节具 1～3 条根和 1 条缩短的直立茎。茎端簇生叶片 2～5 枚，叶全缘、钝圆或呈截形，平行脉 7～15 条。雌雄异株。果实呈半圆形或半卵圆形。水媒传粉。

记录于台湾，广东的徐闻，海南的琼海、文昌、陵水和三亚，东沙岛。

2. 齿叶丝粉草 *Cymodocea serrulata*（R. Br.）Ascherson & Magnus

浅海生沉水草本。根状茎匍匐，每节上疏生 2 条分枝的根和 1 条短缩的直立茎。茎端簇生叶片 2～5 枚，叶长可达 15cm，平行脉 13～17 条，具次级横脉，先端钝，具密集三角形锯齿。雌雄异株。果实呈卵圆形。水媒传粉。

记录于台湾、海南的文昌和琼海、东沙岛。

3. 单脉二药草 *Halodule uninervis*（Forssk.）Ascherson

浅海生沉水草本。根状茎匍匐，每节具须根 1～6 条。直立茎短。叶片呈线形，长 4～11cm，叶端常具 3 枚齿，中齿稍圆钝。叶脉 3 条、平行，中脉明显。花小、无花被。雄花的花药微红，二药着生部位不等高、顶生。坚果，种子 1 枚。水媒传粉。

记录于台湾，广东，广西的北海，海南的海口、琼海、陵水和东方。

4. 羽叶二药草 *Halodule pinifolia*（Miki）Hartog

浅海生沉水草本。根状茎匍匐，每节具须根 2～3 条。直立茎短。叶片 1～4 枚、互生。叶片呈线形、扁平，长 2～8cm，先端通常平截或钝圆，有时可见很不发达的两侧齿。平行叶脉 3 条，中脉明显，顶端常稍扩展或分叉，侧脉常不明显。花小，雌雄异株，二药高低相差约 0.5mm。坚果。水媒传粉。

记录于台湾、广东硇洲岛、广西北海、海南陵水。

5. 针叶草 *Syringodium isoetifolium*（Ascherson）Dandy

多年生沉水草本，高约 25cm。根状茎纤细、匍匐、单轴分枝，节长 1.5～3.5cm，每节具须根 1～3 条，分枝或不分枝。直立茎短，节间显著短缩。叶片 2～3 枚互生，常生于短缩的直立茎的上部；叶基部鳞片长 5mm，早落；叶鞘长 1.5～4cm，常带红色，具叶耳和叶舌；叶片呈钻状针形，长 7～10cm，宽 1～2mm。聚状花序下部二歧分枝，上部单歧分枝。花序上具退化叶片的苞鞘，最长 7mm，自下而上渐短。花单性，雌雄异株。雄花花药呈卵形，雌花无梗、柱头二分叉。果实呈斜倒卵形。水媒传粉。

记录于台湾、广西涠洲岛、广东硇洲岛、东沙岛。

6. 全楔草 *Thalassodendron ciliatum*（Forssk.）Hartog

浅海生木本。根状茎合轴分枝；每 4 节生有 1 条或 2 条不分枝或小许分枝的直立茎，在生有直立茎下面的茎节上生有 1～5 条分枝的根。直立茎稀分枝，长达 65cm。叶片呈线形、镰刀状，长达 15cm，宽 6～13mm，叶脉 17～27 条，边缘具齿，先端圆形、微凹。雌雄异株，雄花具 4～6 枚苞片，花药无柄，背部合生；雌花子房直立，长 2mm，花柱有 1 个，长 4mm，柱头有 2 个，长 20mm。假果长 3.5～5cm。水媒传粉。

记录于台湾、广东汕头、西沙群岛的晋卿岛。

第四节 水鳖科 Hydrocharitaceae

1. 海菖蒲 *Enhalus acoroides*（Linnaeus）Royle

多年生沉水草本。须根粗壮，长 10～20cm。根状茎匍匐，节密集，外包有许多粗纤维状的叶鞘残体。叶片有 2～6 枚，生于根状茎顶端，带状，呈椭圆形或线形，扁平，对生，长 30～150cm，常扭曲，全缘，先端钝圆，基部具膜质叶鞘。平行脉 13～19 条。雌雄异株。成熟后的雄花逸出水面开放，花瓣有 3 枚，呈白色。雌花佛焰苞梗长可达 50cm，结果时螺旋卷曲。蒴果肉质，呈卵形。种子少数，具棱角。花期 5 月。风媒传粉。

记录于海南文昌、琼海和陵水。

2. 泰来草 *Thalassia hemprichii*（Ehrenberg）Ascherson

多年生沉水草本。根状茎长、横走，有明显的节和节间，并有数条不定根，节上长出直立茎，直立茎节间密集呈环纹状，叶带状，略呈镰刀状弯曲，互生，全缘，长 6～12cm，最长达 40cm。平行脉 10～17 条。花单性，雌雄异株。雄花具 2～3cm 长的梗，佛焰苞呈线形，内生雄花一朵。雌花无梗，子房呈圆锥形。蒴果，呈球形。种子多数。水媒传粉。

记录于台湾，广东汕头，海南文昌、琼海、陵水和三亚，西沙群岛的北岛和琛航岛，东沙群岛的东沙岛。

3. 卵形喜盐草 *Halophila ovalis* (R. Brown) Hook. f.

多年海生沉水草本。根状茎匍匐、细长，节间长 1～5cm，每节生细根 1 条和鳞片 2 枚。鳞片膜质，呈近圆形，先端微缺。叶片膜质，呈淡绿色，有褐色斑纹，全缘呈波状。叶脉 3 条，中脉明显。次级横脉 8～25 对。叶柄长 1～4.5cm。花单性，雌雄异株。蒴果肉质，呈近球形。种子多数，呈近球形。花期 11～12 月。水媒传粉。

记录于台湾，广东的汕头、潮州、遮浪、湛江，香港的荔枝窝、大屿山、散头、鸡谷树下和小滩，广西的防城港、钦州、北海，海南的海口、文昌、琼海、万宁、陵水和三亚，西沙群岛的永兴岛、晋卿岛和石岛，东沙群岛的东沙岛。

4. 小喜盐草 *Halophila minor* (Zoll.) Hartog

多年生草本。根状茎匍匐、纤细、多分枝，节间长 1～3cm，每节生纤细根 1 条、鳞片 2 枚，鳞片呈近圆形或椭圆形，先端急尖或微缺，基部呈耳状。叶片 2 枚，呈长椭圆形或卵形，长 7～12mm，先端钝或具小尖头，全缘，叶脉 3 条，中脉明显，次级脉不明显。花单性，雌雄异株。蒴果，呈卵圆形、球形。种子 20 粒。水媒传粉。

记录于广东，香港的蚝涌、海下湾、大潭湾、阴澳、土瓜坪和斩竹湾，广西的北海和钦州，海南，西沙群岛。

5. 毛叶喜盐草 *Halophila decipiens* Ostenfeld

浅海生草本。根状茎匍匐、柔软细长、具分枝。每节具不分枝的细根，鳞片 2 枚。鳞片抱茎，有腋芽。每节生叶片 2 枚，呈椭圆形，长 10～25mm，宽 3～6mm，主脉 1 条，缘脉 2 条，横脉 6～9 对。叶柄长 3～15cm。叶常具毛，叶缘具齿。花单性，雌雄同株，雄花花被长 1.5mm；雌花具花被片 3 枚。蒴果。种子呈卵形。花期 4～8 月，果期 7～8 月。水媒传粉。

记录于台湾、海南三亚。

6. 贝克喜盐草 *Halophila beccarii* Ascherson

海生沉水草本。根状茎纤细、匍匐，节间长 1～2cm，每节生根 1 条、鳞片 2 枚。鳞片抱茎、膜质、透明，外面 1 片长 2～3mm，先端微凹，内面 1 片长 4～6mm，先端微尖。直立茎短，长 1～2cm。叶片 4～10 枚，簇生于直立茎顶端。叶片呈长椭圆形或披针形，长 6～13mm，先端钝圆或尖，基部呈楔形、无毛，全缘，有时具小刺。中脉较宽、明显，近基部分出 1 对缘脉，至顶端点与中脉连接，无横脉。叶柄长 1～2cm，具鞘。鞘膜质、透明，长 3～4cm，顶端圆钝。花单性，雌雄同株。蒴果，呈卵形。种子小，1～4 粒。水媒传粉。

记录于台湾，广东的湛江，香港的下白泥、大潭湾、南涌和尖鼻咀，广西的北海、钦州和防城港，海南的海口和新盈，西沙群岛的金银岛、永兴岛、石岛和北岛。

第五节　川蔓草科 Ruppiaceae

根据川蔓草属在中国分布的新修订（Yu and den Hartog，2014），在中国分布的川蔓草属物种为短柄川蔓草 *Ruppia brevipedunculata*、中国川蔓草 *Ruppia sinensis*、大果川蔓草 *Ruppia megacarpa*（黄小平等，2016）。上述海草在中国的分布可分为 2 个大区：南海海草分布区和黄渤海海草分布区。南海海草分布区包括海南、广西、广东、香港、台湾和福建沿海，黄渤海海草分布区包括山东、河北、天津和辽宁沿海。这 2 个大区分别属于 Short 等（2007）划分的印度洋—太平洋热带海草分布区和北太平洋温带海草分布区。江苏和浙江两省沿岸目前仅有川蔓草属的种类，不在上述 2 个分布区内。南海海草分布区有海草 9 属 15 种，其中海南海域种数最多（14 种）、台湾海域次之（12 种）；广东、广西、香港和福建海域分别分布有 11 种、8 种、5 种、3 种。这些种中卵形喜盐草分布范围最广，在海南、广东、广西、台湾和香港海域均有分布（福建、浙江、江苏海域尚未充分调查），是中国亚热带海草群落的优势种，仅在广东和广西的面积就超过了 1700hm^2（范航清等，2011）；泰来草在海南和台湾沿海分布最为广泛；海菖蒲至今仅在海南沿海发现。黄渤海海草分布区有海草 3 属 9 种，鳗草、丛生鳗草、红纤维虾形草和黑纤维虾形草在辽宁、河北与山东沿海都有分布，而具茎鳗草和宽叶鳗草仅分布在辽宁沿海，其中鳗草分布最广，也是多数海草场的优势种，天津只报道有川蔓草（郑凤英等，2013）。表 9-1 为中国海草的分布。

表 9-1　中国海草的分布

种名	主要分布海域
丝粉草科 Cymodoceaceae	
圆叶丝粉草 *Cymodocea rotundata*	广东、海南、台湾、东沙群岛
齿叶丝粉草 *Cymodocea serrulata*	海南、台湾、东沙群岛
单脉二药草 *Halodule uninervis*	广东、广西、海南、台湾、东沙群岛
羽叶二药草 *Halodule pinifolia*	广东、广西、海南、台湾
针叶草 *Syringodium isoetifolium*	广东、广西、台湾、东沙群岛
全楔草 *Thalassodendron ciliatum*	广东、台湾、东沙群岛、西沙群岛
水鳖科 Hydrocharitaceae	
海菖蒲 *Enhalus acoroides*	海南
泰来草 *Thalassia hemprichii*	广东、海南、台湾、东沙群岛、西沙群岛、南沙群岛
卵形喜盐草 *Halophila ovalis*	广东、香港、广西、海南、东沙群岛、西沙群岛
小喜盐草 *Halophila minor*	海南、台湾
毛叶喜盐草 *Halophila decipiens*	海南、台湾
贝克喜盐草 *Halophila beccarii*	广东、香港、广西、海南、台湾、西沙群岛

续表

种名	主要分布海域	
鳗草科 Zosteraceae		
日本鳗草 *Zostera japonica*	辽宁、河北、山东、福建、香港、广西、海南	
丛生鳗草 *Zostera caespitosa*	辽宁、河北、山东	
宽叶鳗草 *Zostera asiatica*	辽宁、河北	
具茎鳗草 *Zostera caulescens*	辽宁、河北	
鳗草 *Zostera marina*	辽宁、河北、山东	
黑纤维虾形草 *Phyllospadix japonicus*	辽宁、河北、山东	
红纤维虾形草 *Phyllospadix iwatensis*	辽宁、河北、山东	
川蔓草科 Ruppiaceae		
短柄川蔓草 *Ruppia brevipedunculata*	广东、香港、西沙群岛	
中国川蔓草 *Ruppia sinensis*	广东、香港、西沙群岛	
大果川蔓草 *Ruppia megacarpa*	广东、香港、西沙群岛	
波喜荡草科 Posidoniaceae		
波喜荡草 *Posidonia australis*	海南	

第十章

中国海草场的主要分布区

中国从辽宁至海南和台湾，以及东沙群岛、西沙群岛和南沙群岛诸珊瑚礁都分布有海草。辽宁、河北、山东和江苏的海草场大致以温带种为主，尚有广布种。浙江、福建以南至广东、广西、台湾、海南及东沙群岛、西沙群岛、南沙群岛大致是热带种、亚热带种和广布种，海草场总面积约 8765.1hm² （郑凤英等，2013），分述如下。

第一节　辽宁和河北

辽宁和河北地处中国沿海北部，冬天沿岸有冰覆盖，记录鳗草科（大叶藻科）7 种，即日本鳗草、丛生鳗草、宽叶鳗草、具茎鳗草、鳗草、黑纤维虾形草、红纤维虾形草。除日本鳗草外，其他 6 种主要分布在北方，在福建以南就没有发现，属温带区系。目前仅辽宁长海县的獐子岛和哈仙岛记录海草场面积 100hm²，鳗草为绝对优势种。

第二节　山　　东

郭栋等（2010）于 2008 年 7 月在山东东营垦利县海域、威海海域（俚岛湾、东褚岛、双岛湾）及青岛汇泉湾，进行潜水调查取样。10 个调查点都分布有海草，共 4 种：鳗草、丛生鳗草、黑纤维虾形草、红纤维虾形草。前 2 种生长于 2～5m 的泥沙质海底，后 2 种则生长于低潮线附近的岩石或硬质沙底。鳗草是优势种，也是唯一形成海草场、成片分布的种。10 个调查点中仅东褚岛海域和双岛湾有成片分布的海草场。月湖海草场面积为 191hm²，桑沟湾和俚岛湾的海草场面积分别为 60hm² 和 30hm²。威海的双岛湾也有 5hm² 的海草场（郑凤英等，2013）。东营垦利县有呈斑块状分布的鳗草，面积为 30hm²。其他调查点仅有零星分布的海草，而且都是鳗草。从历史上看，目前山东的海草场已严重衰退，1980 年前，山东 2～5m 水深的沿岸有繁茂的鳗草，据 1982 年调查，仅胶州湾附近的芙蓉岛附近就有大约 1300hm² 的鳗草场（高亚平等，2013；韩秋影和施平，2008），到 2000 年调查时已很少见，只有在水下 4～5m 才能发现。威海当地居民以往曾用鳗草遮盖房子，但近年就已经缺这种天然建筑材料。海草退化的主要原因是围海造地和沿岸建设水产养殖场，以及拖网捕捞破坏。

第三节 广　东

广东海草场的面积为 975hm²，占全国海草场总面积的 11%，主要分布在湛江市流沙湾、潮州市柘林湾、湛江市东海岛、珠海市唐家湾、台山市上川岛、惠东县考洲洋和阳江市海陵岛，其中流沙湾的海草场面积最大，其余均小于 50hm²（表 10-1）。

一、湛江市流沙湾

雷州半岛西南部湾内近岸，海草场中心位置为 20°26.1′N、109°57.1′E，面积近 900hm²。主要种为卵形喜盐草和单脉二药草，前者生长茂密，生物量为 25.7g/m²（湿重 189.5g/m²），其分布面积占总面积的 98% 以上；后者较为稀疏，生物量为 18.8g/m²（湿重 92.7g/m²）。

二、湛江市东海岛和阳江市海陵岛

东海岛海草场面积为 9hm²，主要是贝克喜盐草。海陵岛海草场面积为 1hm²，主要是卵形喜盐草（郑凤英等，2013）。

表 10-1　南海主要的海草场

省（区）	主要海草场	面积（hm²）	主要种
广东	湛江市流沙湾海草场	900	卵形喜盐草、单脉二药草
	湛江市东海岛海草场	9	贝克喜盐草
	阳江市海陵岛海草场	1	卵形喜盐草
	东沙岛海草场	174	圆叶丝粉草、单脉二药草、针叶草、卵形喜盐草、泰来草
香港	深圳湾北岸海草场	4	贝克喜盐草
	大鹏湾西侧海草场	1	日本鳗草
广西	合浦海草场	540	卵形喜盐草、单脉二药草、日本鳗草、贝克喜盐草
	珍珠港海草场	150	日本鳗草、贝克喜盐草
海南	黎安港海草场	320	海菖蒲、泰来草、圆叶丝粉草、卵形喜盐草、单脉二药草
	新村港海草场	200	海菖蒲、泰来草、圆叶丝粉草、单脉二药草
	龙湾港海草场	350	海菖蒲、泰来草、卵形喜盐草
	三亚湾海草场	1	海菖蒲、泰来草

资料来源：黄小平等（2007）；黄小平等（2016）

第四节　香　　港

香港海草场主要分布于下白泥、荔枝窝、散头、阴澳等地。下白泥的海草场是香港最大的海草场（4hm²），以贝克喜盐草为优势种。

第五节　广　　西

广西海草场面积合计 942.2hm²，占全国海草场总面积的 11%。海草分布地按面积从大到小依次为北海市铁山港沙背、铁山港北暮、山口乌坭、铁山港下龙湾、铁山港川江，防城港市交东，北海市沙田山寮，钦州市纸宝岭，北海市丹兜海，前 5 个分布地面积分别为 283.1hm²、170.1hm²、94.1hm²、79.1hm²、73.3hm²，均以卵形喜盐草为优势种。广西防城港市交东和北海市沙田山寮以日本鳗草为优势种，钦州市纸宝岭、北海市丹兜海则以贝克喜盐草为优势种（郑凤英等，2013）。

第六节　海　　南

海南是中国海草场分布面积最大的省份，合计 5634.2hm²，占我国海草场总面积的 64%，主要集中于东部沿岸，如文昌（3259.2hm²）、琼海（1596hm²）、陵水（574hm²）、三亚（164hm²），多数以泰来草为优势种。仅陵水新村港和黎安港以海菖蒲为优势种。海南岛西岸仅有零星海草分布（郑凤英等，2013）。

一、黎安港海草场

黎安港海草场位于陵水黎安东部沿海。根据 2002 年 10 月调查，记录 5 种海草：海菖蒲、泰来草、圆叶丝粉草、单脉二药草和卵形喜盐草。海草长势良好，前 3 种生长茂密。黎安港 5 种海草的生物量和生产力等见表 10-2。

表 10-2　黎安港 5 种海草

种名	生物量（g/m²）	湿重（g/m²）	茎枝数（片）	芽茎的生产力[mg/（片·h）]	海草的生产力[mg/（m²·d）]	各种海草所占比例（%）	海草的平均生产力[mg/（m²·d）]
海菖蒲	1 094.8	4 660	66	0.5769	913.81	25	
泰来草	1 146.8	11 357	1 508	0.1125	4 073.01	30	2 466.7
圆叶丝粉草	365.3	2 041	2 027	0.0597	2 903.90	35	
单脉二药草	225.3	990	—	—	—		
卵形喜盐草	52.8	416	—	—	—		

"—"表示无数据

二、新村港海草场

新村港海草场在陵水西南沿海，位于黎安港海草场西南。根据 2002 年 10 月调查，记录 4 种：海菖蒲、泰来草、圆叶丝粉草和单脉二药草。表 10-3 给出了新村湾 3 种主要海草的生物量和生产力等。

表 10-3 新村港 3 种主要海草

种名	生物量 （g/m²）	密度 （片/m²）	茎枝的生产力 [mg/（片·h）]	海草的生产力 [mg/（m²·d）]	3 种海草所占比例（%）
海菖蒲	1934.4	112	0.577	1550.7	30
泰来草	816.0	1024	0.1125	2765.8	20
圆叶丝粉草	652.8	2491	0.060	3568.6	40

第七节 东 沙 岛

一、地理

黄衍勋和林幸助（2012）对东沙岛的环境及海草进行了研究，结果如下。东沙环礁是南海诸珊瑚礁最靠近大陆的一座，北距汕头市仅 140n mile[①]，距珠江口 170n mile。东沙岛为自西北向东南延伸的碟形沙岛，由珊瑚沙及贝壳碎屑构成。该岛是南海诸岛面积较大的岛，平均高出海面约 6m，岛上遍生草海桐 *Scaevola sericea*、银毛树 *Messerschmidia argentea*、海岸桐 *Guettarda speciosa* 等多种陆生灌丛和人工种植椰子树，植被茂密，栖息有大量海鸟，并有鸟粪。岛上兴建有机场和灯塔。

东沙岛的珊瑚礁除西部外，北、东、南三面礁盘连在一起，呈一弯弓形环礁。环礁高度和低潮面基本一致，生长有海草和海藻，如海人草 *Digenea simplex*、麒麟菜 *Eucheuma* sp.。

二、环境因子

东沙岛的水温、盐度、溶解氧、pH、水深、光度和底质如表 10-4 所示，盐度变化较大，最低仅 28.0，与西沙群岛、南沙群岛珊瑚礁比较恒定的盐度不同，这是由于离岸近，受沿岸低盐水影响大。

---

① 1n mile=1.852 km

续表

表 10-4　东沙岛的环境因子

环境因子	北岸	南岸	西岸	小潟湖内	小潟湖外
水温（℃）	21.8～34.3	21.9～31.1	26.6～34.0	20.2～36.1	21.1～34.3
盐度	30.3～34.0	31.8～34.4	30.3～35.2	28.0～36.8	30.6～37.7
溶解氧（mg/L）	6.3～12.1	6.2～11.7	6.2～10.5	6.9～10.5	5.3～14.5
pH	7.8～8.8	7.6～8.5	7.8～9.2	8.0～9.0	8.1～9.3
水深（m）	0.6～1.2	0.7～1.7	0.1～0.3	0.2～0.6	0.2～0.4
光度（ME/cm^2·s）	184～304	186～302	199～412	103～429	198～454
底土深（m）	0.3～0.6	0.2～0.6	0.6～1.0	0.7～0.9	0.6～0.9
粒径中间值（mm）	0.32～0.52	0.15～0.41	0.12～0.29	0.25～0.38	0.19～0.29
粉泥黏土含量（%）	1.5～3.5	0.3～2.5	1.0～14.6	0.4～1.2	0.2～4.1
有机质含量（%）	2.1～2.7	1.9～2.3	1.9～5.7	2.5～3.8	2.7～5.0

三、海草的种类及其与环境的关系

东沙岛的海草有 7 种，优势种为 6 种：圆叶丝粉草 *Cymodocea rotundata*（丝粉草科）、齿叶丝粉草 *Cymodocea serrulata*（丝粉草科）、单脉二药草 *Halodule uninervis*（丝粉草科）、针叶草 *Syringodium isoetifolium*（丝粉草科）、卵形喜盐草 *Halophila ovalis*（水鳖科 Hydrocharitaceae）、泰来草 *Thalassia hemprichii*（水鳖科）。

各种海草与环境的关系如表 10-5 所示，在东沙岛北岸、南岸、西岸、小潟湖内、小潟湖外 5 个点都有分布的海草仅 1 种，在 3 个点都有分布的也仅 1 种，在 2 个点有分布的也仅 1 种，有 3 个种仅在 1 个点有分布，分述如下。

表 10-5　东沙岛 6 种海草的生物和形态参数

物种	参数	北岸	南岸	西岸	小潟湖内	小潟湖外
圆叶丝粉草 *Cymodocea rotundata*	生物量（mg/片）	109～209	150～256	96～221	118～221	139～266
	覆盖度（%）	67.1～84.4	27.9～40.3	77.9～98.1	39.5～58.8	43.7～78.0
	密度（片/m^2）	2856～5141	1690～3701	3072～6286	2879～5240	3478～5209
	叶长（cm）	10.3～15.8	15.1～19.5	8.2～15.8	11.1～17.0	12.9～17.7
	叶宽（cm）	0.32～0.45	0.38～0.49	0.34～0.47	0.69～0.95	0.32～0.45
	叶面积（cm^2）	3.31～6.00	6.73～8.20	2.88～7.43	7.66～16.15	4.15～6.71

续表

物种	参数	北岸	南岸	西岸	小潟湖内	小潟湖外
齿叶丝粉草 *Cymodocea serrulata*	生物量（mg/片）	235～361				
	覆盖度（%）	35.4～62.8				
	密度（片/m²）	950～1668				
	叶长（cm）	10.2～15.3				
	叶宽（cm）	0.91～1.06				
	叶面积（cm²）	9.56～14.79				
单脉二药草 *Halodule uninervis*	生物量（mg/片）		54～115		59～119	
	覆盖度（%）		20.7～51.2		40.0～67.4	
	密度（片/m²）		4543～8382		4799～8703	
	叶长（cm）		11.3～15.3		9.4～17.0	
	叶宽（cm）		0.19～0.25		0.11～0.20	
	叶面积（cm²）		2.37～3.74		1.04～2.69	
针叶草 *Syringodium isoetifolium*	生物量（mg/片）		72～158			
	覆盖度（%）		16.8～45.9			
	密度（片/m²）		1560～2924			
	叶长（cm）		11.7～21.7			
	叶宽（cm）		0.15～0.207			
	叶面积（cm²）		1.76～4.50			
卵形喜盐草 *Halophila ovalis*	生物量（mg/片）			0.39～10		
	覆盖度（%）			2.6～24.0		
	密度（片/m²）			125～2334		
	叶长（cm）			1.3～2.1		
	叶宽（cm）			0.67～1.03		
	叶面积（cm²）			0.97～2.13		
泰来草 *Thalassia hemprichii*	生物量（mg/片）	323～433		320～438		204～300
	覆盖度（%）	8.5～26.7		24.6～84.4		75.8～96.7
	密度（片/m²）	719～1371		912～3673		3035～3945
	叶长（cm）	11.3～16.5		8.0～17.3		10.8～16.3
	叶宽（cm）	0.63～0.83		0.59～0.78		0.58～0.74
	叶面积（cm²）	7.48～12.65		4.72～12.51		6.27～11.05

圆叶丝粉草：在东沙岛珊瑚礁分布最广，北岸、南岸、西岸和小潟湖内、小潟湖外都有。各种粒径的底土都有。生物量与水温正相关，而水深对其有负面影响，且叶长随水深显著增长，这是海草对低光度环境的形态适应。圆叶丝粉草具有优势地生长在东沙岛沿岸各处阳光充足的水域。

齿叶丝粉草：仅分布于东沙岛北岸离岸较远、水流较缓的潮下带，紫外线太强会降低其光合作用，因叶片大、无法承受强水流的冲击，喜生于中等粗沙区，在盐度变化较大的小潟湖内未见分布。

单脉二药草：偏向生长于沙质生境，能适应潮间带剧烈的温度变化，是东沙岛海草中最耐热的种，高温和高盐条件对其生物量与覆盖度没有负面影响。该种在深水处会降低其覆盖度和密度，并加大其叶宽，这是其对低光环境的形态适应，因此该种可生长在南岸和小潟湖内。

针叶草：叶子纤细且呈圆柱状，在潮间带不能忍受退潮时的干燥，对高温环境忍受性低，强的紫外线也会抑制其光合作用，因而在潮间带尚未发现该种。针叶草的叶子可以抵抗强劲的水流，因而其成为东沙岛南岸的优势种。

卵形喜盐草：植株最矮小，可在珊瑚石、沙底和泥沙底生长。

泰来草：生长于高潮带及中潮带的沙质海滩上。在东沙岛，泰来草主要分布在北岸、西岸和小潟湖外。

第八节　台　　湾

台湾的海草场主要分布在台湾岛西部、南部与各离岛的浅海环境中，恒春半岛（如海口、万里桐、大光和南湾）有近 $1hm^2$ 的海草场，以泰来草为优势种，其他主要分布于澎湖列岛、绿岛、小琉球岛及台湾岛的台中市高美、新竹市香山、嘉义市白水湖、台南市七股和台东市小港等地（郑凤英等，2013）。

第十一章

海草的初级生产力和生物量

在海洋生态系统中，海草场有特别高的生物量和生产力。海草的生物量随纬度而变化，在温带海区平均生物量接近 500g DW/m²，在热带海区平均生物量超过 800g dw/m²。海草的生产力也有纬度差异，温带海草的生产力为 120～600g C/（m²·a），而热带海草的生产力可高达1000g C/（m²·a）。

地球表面分为海洋生态系统（含水体和海底）、陆地生态系统和内陆水域生态系统，海洋生态系统再分为底栖生态系（包括海草、海藻、红树林、底栖单细胞藻类 4 类）和水体生态系（包括大洋水体浮游植物和浅海水体浮游植物），海草在 4 类海洋底栖植物中总面积不大，但单位面积生产力仅稍次于红树林而高于海藻和底栖单细胞藻类（表 11-1）。

表 11-1　海草及其与其他生态系统生产力的比较（Larkum et al.，2006）

生态类型	面积（×10⁶km²）	单位面积生产力［gC/（m²·a）］	总生产力（PgC/a）
海洋底栖生态系			
海草	0.6	817	0.49
海藻	6.8	375	2.55
红树林	1.1	1000	1.10
底栖单细胞藻类	6.8	50	0.34
海洋水体生态系			
大洋水体浮游植物	332	130	43.16
浅海水体浮游植物	27	167	4.51
陆地生态系统			
森林	41	400	16.40
农田	15	350	5.25
荒漠	40	50	2.00
内陆水域生态系统	1.9	100	0.19

尽管海草分布面积不足海洋总面积的 0.2%，但碳储量却占海洋总储量的 10%～18%（Duarte and Middelbury，2005）。海草场生态系统内的碳主要以现存生物量固定碳和底质沉积有机碳两种方式存在。海草场碳累积速率为约 83g C/（m²·a），大于多数陆地系统。全球海草总的碳储藏速率达 22～77Tg C/a。海草生态系统碳储量高的主要原因为其初级生产力高、可捕获水体的

碳源颗粒并将其储存在底质中（Kennedy et al.，2010）及缺氧环境下碳分解速率低（Duarte et al.，2011）。

海草生态系统具有高而多样的初级生产力和次级生产力，加之对水体外碳源颗粒的捕获，因而碳储量尤为可观。分析研究表明，海草地上部分的初级生产力为 $0.003 \sim 15$g dw/m²，以碳计为 $0.1 \sim 18.7$g C/（m²·d），超过许多陆地生态系统和其他海洋生态系统。

高亚平等（2013）对山东荣成鳗草的研究表明，桑沟湾鳗草枝条密度为 $821 \sim 996$ 片 /m²，地上部分总生物量年度变化为 $313.5 \sim 769.3$g dw/m²。鳗草的生长在夏季达到顶峰，夏季初级生产力为 6.4g dw/（m²·d），年内初级生产力为 $2.0 \sim 6.4$g dw/（m²·d），全年平均为 3.15g dw/（m²·d）。地下部分的生产力为地上部分的 35%。桑沟湾鳗草的固碳贡献为 543.5g C/（m²·a）。

海草场的固碳除了海草本身的贡献，还有生态系统中海草等生物表面附着的生物初级生产的贡献。海草有巨大的附着表面，使得其上附着的硅藻的生物量和初级生产力亦相当大，尤其是在热带和亚热带，其比重可达海草自身的 50%～126%。在桑沟湾，附着藻固碳的贡献为 30g C/（m²·a）。

黄衍勋等（2010）测定了东沙岛珊瑚礁环礁不同部位 6 种海草叶片的生物量。圆叶丝粉草叶片的生物量分别是：北岸 $109 \sim 209$mg/ 片、南岸 $150 \sim 256$mg/ 片、西岸 $96 \sim 221$mg/ 片、小潟湖内 $118 \sim 221$mg/ 片、小潟湖外 $139 \sim 266$mg/ 片。同一珊瑚礁环礁 5 种生境海草叶片的生物量有明显差别，西岸最小，南岸最大。覆盖度为 27.9%～98.1%。密度为 $1690 \sim 6286$ 片 /m²。

泰来草叶片的生物量分别是：北岸 $323 \sim 433$mg/ 片、西岸 $320 \sim 438$mg/ 片、小潟湖外 $204 \sim 300$mg/ 片。覆盖度为 8.5%～96.7%。密度为 $719 \sim 3945$ 片 /m²。

单脉二药草叶片的生物量分别是：南岸 $54 \sim 115$mg/ 片、小潟湖内 $59 \sim 119$mg/ 片。覆盖度为 20.7%～67.4%。密度为 $4543 \sim 8703$ 片 /m²。

齿叶丝粉草叶片的生物量在北岸是 $235 \sim 361$mg/ 片。覆盖度为 35.4%～62.8%。密度为 $950 \sim 1668$ 片 /m²。

卵形喜盐草叶片的生物量在西岸是 $0.39 \sim 10$mg/ 片。覆盖度为 2.6%～24.0%。密度为 $125 \sim 2334$ 片 /m²。

综上所述，5 种海草在东沙岛珊瑚礁的分布有很大差别，因而各种海草的生物量、覆盖度和密度也有很大差别。在热带海域，海草的物种多样性比温带海域高。

第十二章

海草的光合作用

第一节　海草光合作用的一般特征

与陆地植物相比，海草的光合速率较低。据报道，海草的光合速率为 $3 \sim 13mg\ O_2/(dm^2 \cdot h)$（Vermaat et al., 1997），$C_3$ 型和 C_4 型植物的光合速率则分别为 $10 \sim 75mg\ O_2/(dm^2 \cdot h)$ 和 $75 \sim 175mg\ O_2/(dm^2 \cdot h)$（Larcher, 1995）。一方面，海草较低的光合速率与叶绿素含量较低有关，这是沉水植物的一个共同特点（Nielsen and Jensen, 1989）。另一方面，海草较低的光合速率与它的沉水生活有关，是对低光强和低 CO_2 浓度的一种适应。所以，从理论上说，海草属于阴生植物。为了适应弱光环境，海草具有较低的光补偿点，这对于海草在低光环境下实现碳的净获有十分重要的意义，因为只有入射光强在光补偿点以上，植物才能生长。较低的光补偿点保证了海草一天中有较长的时间能进行净光合生产，使其正常生长。但是，与陆生植物相比，海草光呼吸较弱，减少了碳损失，因而其具有较高的固碳效率（范航清等，2011）。

第二节　海草光合作用与光和无机碳的关系

一、海水中的可利用光能

光合作用是植物将太阳能转化为可用于生命过程的化学能，并进行有机物合成的过程。太阳光对于海草的光合作用至关重要。太阳光能透过水体，但在水体中的穿透能力比在空气中小得多，光强随水深增加而显著降低，甚至在十分清澈的海水中，200m 以下所有的植物就不能进行光合作用了。除水的吸收之外，水中的可溶性物质和微粒对光的吸收使得光在水中减弱得更快。不同波长的光在水体中被吸收的强度不一样，在清澈的水中，波长在 550nm 以上的光很容易被吸收。光在浅海的传播比在大洋要弱。光的有效辐射（波长 350～700mm）能达到几米到几十米的深度。海草仅分布在比较浅的水中，多数在 20m 以浅，最大分布深度为 90m。研究表明，海草分布在能收到 4%～29% 水表面光的深度处（Dennison et al., 1993）。

二、海水中的可利用无机碳

植物体干重中碳占 30%～40%。充足的 CO_2 是陆生植物进行光合作用的条件。在海水中 CO_2 的浓度比较低。温度为 10～20℃时，淡水中的 CO_2 浓度和空气中的 CO_2 浓度几乎相同，但海水中的 CO_2 浓度比淡水中的 CO_2 浓度低 10%～15%（这时海水溶解的 CO_2 为 12μmol/L）。CO_2 在海水中的扩散比在空气中要慢得多（CO_2 在空气中的扩散速度比在海水中的扩散速度快 10^4 倍）。这是因为海草叶子表面的细胞外扩散层阻碍了 CO_2 的扩散，海草叶片的附生藻类、淤泥也影响 CO_2 的扩散。

三、温度对光合作用的影响

全世界除北冰洋全年都被冰层覆盖外，几乎所有海岸都分布有海草。海草对水温的适应因种而异，分为热带性和温带性两大类。温带性海草能忍受较低的温度，而热带性海草则能忍受较高的温度。但大多数海草在 25～30℃时显示出最大饱和光强的光合作用。

第十三章
海草场中的物种多样性

海草场为多种生物提供了隐蔽栖息场所。海草场是高生产力区，光合作用的初级生产量只有小部分直接进入近岸牧食食物链，大部分进入碎屑食物链。大多数海草的叶片会在生长季节脱落，如鳗草叶片的平均寿命要短于100d。海草死亡分解的碎屑能为海草场海域提供营养物质，许多无脊椎动物仅能摄食海草碎屑，能大量摄食海草的无脊椎动物只有海胆，直接摄食海草的脊椎动物有海龟、儒艮及鹦嘴鱼等。

海草的植株上和海草场的底质都栖息着各种生物，海草场海水中也分布有各种鱼类，因而海草场提供了多样的生物栖息的生态位。对香港天然海草场和人造海草场的物种研究表明，周围软底滩涂中生活的所有无脊椎动物均可在海草场中发现，而有48种则仅栖息于海草场。

至今，中国海草场的生物仅记录317种，包括海藻的3门56种、环节动物门多毛纲31种、星虫动物门和螠虫动物门各1种、软体动物门124种、节肢动物门58种、腕足动物门3种、棘皮动物门20种、脊索动物门文昌鱼纲2种和辐鳍鱼纲21种（表13-1）（杨宗岱和吴宝玲，1984；黄勃等，2009；方再光等，2012）。对海草场物种的调查研究还很不深入，虽然已记录317种，但仅是实际种数的一小部分。对海草叶片上的硅藻和附着无脊椎动物还未见到报道。

表 13-1　中国海草场中的物种名录

中文名	拉丁名		中文名	拉丁名	
红藻门	Rhodophyta		太平洋石枝藻	*Lithothamnion pacificum*	
条斑紫菜	*Porphyra yezoensis*		勒农疣石藻	*Phymatolithon lenormandii*	
石花菜	*Gelidium amansii*		刺状多管藻	*Polysiphonia senticulosa*	
细毛石花菜	*Gelidium crinale*		丛托多管藻	*Polysiphonia morrowii*	
匍匐石花菜	*Gelidium pusillum*		日本异管藻	*Heterosiphonia japonica*	
拟鸡毛菜	*Pterocladiella capillacea*		细枝软骨藻	*Chondria tenuissima*	
亮管藻	*Hyalosiphonia caespitosa*		冈村凹顶藻	*Laurencia okamurai*	
黏管藻	*Gloiosiphonia capillaries*		菜花藻	*Janczewskia ramiformis*	
蜈蚣藻	*Grateloupia filicina*		鸭毛藻	*Symphyocladia latiuscula*	
盾果藻	*Carpopeltis affinis*		苔状鸭毛藻	*Symphyocladia marchantioides*	
胭脂藻	*Hildenbrandia rubra*		带形叉节藻	*Amphiroa zonata*	
中间石枝藻	*Lithothamnion intermedium*		珊瑚藻	*Corallina officinalis*	

续表

中文名	拉丁名	中文名	拉丁名
小珊瑚藻	*Corallina pilulifera*	酸藻	*Desmarestia viridis*
曾氏藻	*Tsengia nakamura*	网地藻	*Dictyota dichotoma*
扁江蓠	*Gracilaria textorii*	叉开网地藻	*Dictyota divaricata*
海头红	*Plocamium telfairiae*	大团扇藻	*Padina crassa*
环节藻	*Champia parvula*	弱枝马尾藻	*Sargassum kuetzingi*
多姿对丝藻	*Antithamnion defectum*	锯齿马尾藻	*Sargassum serratifolium*
日本仙菜	*Ceramium japonicum*	鼠尾藻	*Sargassum thunbergii*
柔质仙菜	*Ceramium tenerrimum*	绿藻门	Chlorophyta
三叉仙菜	*Ceramium kondoi*	孔石莼	*Ulva pertusa*
橡叶藻	*Phycodrys radicosa*	浒苔	*Enteromorpha prolifera*
顶群藻	*Acrosorium yendoi*	气生硬毛藻	*Chaetomorpha aerea*
绒线藻	*Dasya villosa*	束生刚毛藻	*Cladophora fascicularis*
张氏神须虫	*Eteone tchangsii*	薜羽藻	*Bryopsis hypnoides*
粗毛裂虫	*Syllis amica*	刺松藻	*Codium fragile*
双管阔沙蚕	*Platynereis bicanaliculata*	环节动物门	Annelida
全刺沙蚕	*Nectoneanthes oxypoda*	多毛纲	Polychaeta
日本刺沙蚕	*Neanthes japonica*	褐色镰毛鳞虫	*Sthenelais fusca*
宽叶沙蚕	*Nereis grubei*	亚洲锡鳞虫	*Sigalion asiatica*
双齿围沙蚕	*Perinereis aibuhitensis*	长锥虫	*Haploscoloplos elongates*
多齿围沙蚕	*Perinereis nuntia*	背蚓虫	*Notomastus latericeus*
中锐吻沙蚕	*Glycera rouxii*	粗突齿沙蚕	*Leonnates decipiens*
褐藻门	Phaeophyta	单齿螺	*Monodonta labio*
锐尖水云	*Ectocarpus acutus*	短滨螺	*Littorina brevicula*
褐毛藻	*Halothrix lumbricalis*	花冠小月螺	*Lunella coronata*
粘膜藻	*Leathesia difformis*	珠带拟蟹守螺	*Pirenella cingulata*
萱藻	*Scytosiphon lomentaria*	白带笋螺	*Terebra dusumieri*
单条肠髓藻	*Myelophycus simplex*	朝鲜笋螺	*Terebra koreana*
网管藻	*Dictyosiphon foeniculaceus*	粒笋螺	*Terebra pereoa*
疣状褐壳藻	*Ralfsia verrucosa*	环沟笋螺	*Terebra bellanodosa*
黑顶藻	*Sphacelaria subfusca*	扁平管帽螺	*Siphopatella walshi*

续表

中文名	拉丁名	中文名	拉丁名
扁玉螺	*Neverita didyma*	背毛背蚓虫	*Notomastus aberans*
乳玉螺	*Polinices mammata*	厚鳃蚕	*Dasybranchus caducus*
乳头真玉螺	*Eunaticina papilla*	扁平岩虫	*Marphysa depressa*
黄口荔枝螺	*Thais luteostoma*	托氏蜎螺	*Umbonium thomasi*
疣荔枝螺	*Thais clavigera*	合浦珠母贝	*Pinctada fucata martensii*
浅古铜吻沙蚕	*Glycera subaenea*	网皱纹蛤	*Periglyta reticulata*
日本角吻沙蚕	*Goniada japonica*	猫爪牡蛎	*Talonostrea talonata*
岩虫	*Marphysa sanguinea*	舵毛蚶	*Scapharca gubernaculum*
新三齿巢沙蚕	*Diopatra neotridens*	豌豆毛满月蛤	*Pillucina neglecta*
杂色巢沙蚕	*Diopatra variabilis*	橄榄蚶	*Estellarca olivacea*
异足索沙蚕	*Lumbrineris heteropoda*	内褶拟蚶	*Arcopsis interplicata*
长叶索沙蚕	*Lumbrineris longiforlia*	毛蚶	*Scapharca kagoshimensis*
四索沙蚕	*Lumbrineris tetraura*	布氏蚶	*Arca boucardi*
日本臭海蛹	*Trayisia japonica*	麦氏偏顶蛤	*Modiolus metcalfei*
须鳃虫	*Cirriformia* sp.	长偏顶蛤	*Modiolus elongatus*
扁蛰虫	*Loimia medusa*	黑荞麦蛤	*Xenostrobus atrata*
巨刺缨虫	*Potamilla myriops*	脉红螺	*Rapana venosa*
温哥华双旋虫	*Bispira vancouveri*	古氏滩栖螺	*Batillaria cumingi*
螺旋虫	*Spirorbis* sp.	纵带滩栖螺	*Batillaria zonalis*
星虫动物门	Sipuncula	多形滩栖螺	*Batillaria multiformis*
裸体方格星虫	*Sipunculus nudus*	钟核螺	*Pyrene bella*
螠虫动物门	Echiura	模里西斯织纹螺	*Nassarius margaritifer*
短吻铲荚螠	*Listriolobus brevirostris*	秀丽织纹螺	*Nassarius festivus*
软体动物门	Mollusca	红带织纹螺	*Nassarius succinctus*
多板纲	Polyplacophora	纵肋织纹螺	*Nassarius variciferus*
红条毛肤石鳖	*Acanthochiton rubrolineatus*	同色短口螺	*Brachystoma concolor*
花斑锉石鳖	*Ischnochiton comptus*	衣裳核螺	*Sydaphera seengleriana*
朝鲜鳞带石鳖	*Lepidozona coreanica*	白带三角口螺	*Trigonaphera bocageana*
腹足纲	Gastropoda	双带拟捻螺	*Acteocina cinctella*
皱纹盘鲍	*Haliotis discus hannai*	斑纹无壳侧鳃	*Pleurobranchaea maculata*

续表

中文名	拉丁名	中文名	拉丁名
日本菊花螺	*Siphonaria japonica*	栉江珧	*Atrina pectinata*
掘足纲	Scaphopoda	栉孔扇贝	*Chlamys farreri*
沟角贝	*Striodentalium rhabdotum*	平濑掌扇贝	*Volachlamys hirasei*
双壳纲	Bivalvia	中国不等蛤	*Anomia chinensis*
薄云母蛤	*Yoldia similis*	角巨牡蛎	*Crassostrea angulata*
加夫蛤	*Gafrarium pectinatum*	近江巨牡蛎	*Crassostrea ariakensis*
史氏背尖贝	*Notoacmea schrenckii*	密鳞牡蛎	*Ostrea denselamellosa*
嫁蝛	*Cellana toreuma*	掌牡蛎	*Planostrea pestigris*
锈凹螺	*Chlorostoma rustica*	斑纹棱蛤	*Trapezium liratum*
菊莓鸟尾	*Fragum carinatum*	日本镜蛤	*Dosinia japonica*
红明樱蛤	*Moerella rutila*	高镜蛤	*Dosinia altior*
江户明樱蛤	*Moerella jedoensis*	饼干镜蛤	*Dosinia biscocta*
彩虹明樱蛤	*Moerella iridescens*	薄片镜蛤	*Dosinia corrugata*
紫彩血蛤	*Nuttallia olivacea*	文蛤	*Meretrix meretrix*
樱紫蛤	*Psammotellina ambigua*	青蛤	*Cyclina sinensis*
中国绿螂	*Glauconome chinensis*	菲律宾蛤仔	*Ruditapes philippinarum*
直竹蛏	*Solen strictus*	江户布目蛤	*Protothaca jedoensis*
瑰斑竹蛏	*Solen rosemaculatus*	女神蛤蜊	*Mactra aphrodina*
大竹蛏	*Solen grandis*	四角蛤蜊	*Mactra veneriformis*
缢蛏	*Sinonovacula constricta*	歧脊加夫蛤	*Gafrarium divaricatum*
弯竹蛏	*Solen arcuatus*	美女蛤	*Circe scripta*
短竹蛏	*Solen dunkerianus*	异白樱蛤	*Macoma incongrua*
小刀蛏	*Cultellus attenuatus*	头足纲	Cephalopoda
尖刀蛏	*Cultellus scalprum*	双喙耳乌贼	*Sepiola birostrata*
总角截蛏	*Solecurtus divaricata*	长蛸	*Octopus minor*
砂海螂	*Mya arenaria*	真蛸	*Octopus vulgaris*
红齿硬篮蛤	*Solidicorbula erythrodon*	节肢动物门	Arthropoda
宽壳全海笋	*Barnea dilatata*	甲壳纲	Crustacea
渤海鸭嘴蛤	*Laternula marilina*	特异大权蟹	*Macromedaeus distinguendus*
凸壳肌蛤	*Musculus senhousia*	天津厚蟹	*Helice tientsinensis*

续表

中文名	拉丁名	中文名	拉丁名
三疣梭子蟹	*Portunus trituberculatus*	肉球近方蟹	*Hemigrapsus sanguineus*
红线黎明蟹	*Matuta planipes*	长指近方蟹	*Hemigrapsus longitarsis*
日本拟平家蟹	*Heikeopsis japonicus*	绒螯近方蟹	*Hemigrapsus penicillatus*
颗粒关公蟹	*Dorippe granulata*	圆球股窗蟹	*Scopimera globosa*
四齿矶蟹	*Pugettia quadridens*	中华绒螯蟹	*Eriocheir sinensis*
宽身大眼蟹	*Macrophthalmus dilatatus*	日本绒螯蟹	*Eriocheir japonica*
中华豆蟹	*Pinnotheres sinensis*	弧边招潮	*Uca arcuata*
强壮紧握蟹	*Lambrus validus*	慈母互敬蟹	*Hyastenus pleione*
拟曼赛因青蟹	*Scylla paramamosain*	豆形短眼蟹	*Xenophthalmus pinnotheroides*
少刺短桨蟹	*Thalamita danae*	解放眉足蟹	*Blepharipoda liberata*
底栖短桨蟹	*Thalamita prymna*	日本蟳	*Charybdis japonica*
滑车轮螺	*Architectonica trochlearis*	玉虾	*Callianidea typa*
鹧鸪轮螺	*Architectonica perdix*	哈氏和美蟹	*Nihonotrypaea harmandi*
珠带拟蟹守螺	*Cerithidea cingulata*	细螯虾	*Leptochela gracilis*
蛎敌荔枝螺	*Indothais gradata*	锯齿长臂虾	*Palaemon serrifer*
日本蜒螺	*Nerita japonica*	葛氏长臂虾	*Palaemon gravieri*
棒锥螺	*Turritella bacillum*	脊腹褐虾	*Crangon affinis*
可变荔枝螺	*Thais lacerus*	圆腹褐虾	*Crangon cassiope*
扁平管帽螺	*Siphopatella walshi*	泥虾	*Laomedia astacina*
奥莱彩螺	*Clithon oualaniensis*	中国毛虾	*Acetes chinensis*
小翼拟蟹守螺	*Cerithidea microptera*	蝎形拟绿虾蛄	*Cloridopsis scorpio*
朱红菖蒲螺	*Vexillum coccineum*	黑斑口虾蛄	*Oratosquilla kempi*
珠母核果螺	*Drupa margariticola*	口虾蛄	*Oratosquilla oratoria*
丽小笔螺	*Mitrella bella*	直额七腕虾	*Heptacarpus rectirostris*
鸽螺	*Peristernia nassatula*	毛掌活额寄居蟹	*Diogenes penicillatus*
角蝾螺	*Turbo cornutus*	长喙大足蟹	*Macropodia rostrata*
中国蛤蜊	*Mactra chinensis*	长毛明对虾	*Fenneropenaeus penicillatus*
等边浅蛤	*Gomphina aequilatera*	墨吉明对虾	*Fenneropenaeus merguiensis*
九州斧蛤	*Donax kiusiuensis*	日本囊对虾	*Marsupenaeus japonicus*
黑凹螺	*Chlorostoma nigerrima*	斑节对虾	*Penaeus monodon*

续表

中文名	拉丁名	中文名	拉丁名
短沟对虾	*Penaeus semisulcatus*	辐鳍鱼纲	Actinopterygii
鹰爪虾	*Trachysalambria curvirostris*	古氏双边鱼	*Ambassis kopsi*
哈氏仿对虾	*Parapenaeopsis hardwickii*	云斑栉虾虎鱼	*Ctenogobius criniger*
波罗门赤虾	*Metapenaeopsis palmensis*	黑尾三鳍鳚	*Tripterygion melanurum*
近缘新对虾	*Metapenaeus affinis*	圆鳞鲉	*Parascorpaena picta*
刀额新对虾	*Metapenaeus ensis*	刺海马	*Hippocampus histrix*
中型新对虾	*Metapenaeus intermedius*	斑鱚	*Sillago maculata*
周氏新对虾	*Metapenaeus joyneri*	细鳞鯻	*Terapon jarbua*
日本鼓虾	*Alpheus japonicus*	长鳍篮子鱼	*Siganus canaliculatus*
胖小塔螺	*Pyramidella ventricosa*	弹涂鱼	*Periophthalmus cantonensis*
紫游螺	*Neritina violacea*	腕足动物门	Brachiopoda
特氏楯桑椹螺	*Clypeomorus trailli*	酸浆贯壳贝	*Terebratalia coreanica*
六齿猴面蟹	*Camptandrium sexdentatum*	鸭嘴海豆芽	*Lingula anatina*
海棒槌	*Paracaudina chilensis*	亚氏海豆芽	*Lingula adamsi*
棘刺锚参	*Protankyra bidentata*	棘皮动物门	Echinodermata
飞白枫海星	*Archaster typicus*	异色海盘车	*Asterias versicolor*
瘤五角瓜参	*Pentacta anceps*	滩栖阳遂足	*Amphiura vadicola*
脆怀玉参	*Phyrella fragilis*	马氏刺蛇尾	*Ophiothrix marenzelleri*
糙海参	*Holothuria scabra*	细雕刻肋海胆	*Temnopleurus toreumaticus*
单棘槭海星	*Astropecten monacanthus*	哈氏刻肋海胆	*Temnopleurus hardwickii*
扁平蛛网海胆	*Arachnoides placenta*	网纹纹藤壶	*Amphibalanus reticulatus*
刺冠海胆	*Diadema setosum*	痕掌沙蟹	*Ocypode stimpsoni*
玉足海参	*Holothuria leucospilota*	豆形拳蟹	*Philyra pisum*
模式角孔海胆	*Salmacis bicolor*	海地瓜	*Acaudina molpadioides*
脊索动物门		褐斑栉鳞鳎	*Aseraggodes kobensis*
狭心纲	Leptocardii	大弹涂鱼	*Boleophthalmus pectinirostris*
文昌鱼科		丝背细鳞鲀	*Stephanolepis cirrhifer*
白氏文昌鱼	*Branchiostoma belcheri*	栉虾虎鱼	*Ctenogobius giurinus*
日本文昌鱼	*Branchiostoma japonicus*	舌虾虎鱼	*Glossogobius giuris*

续表

中文名	拉丁名		中文名	拉丁名	
条纹鯻	*Terapon theraps*		蓝氏棘鲬	*Hoplichthys langsdorfii*	
列牙鯻	*Pelates quadrilineatus*		马粪海胆	*Hemicentrotus pulcherrimus*	
丽鳍天竺鲷	*Apogon kallopterus*		正环沙鸡子	*Phyllophorus ordinata*	
点带石斑鱼	*Epinephelus coioides*		仿刺参	*Apostichopus japonicus*	
星点多纪鲀	*Takifugu niphobles*		线纹鳗鲇	*Plotosus lineatus*	

第十四章

海草的现状与保护

第一节　海草的现状

　　海草场近年来不断受到破坏，面积持续减小。除异常气候导致浅海底质变化外，原有的海草被覆盖、渔业生产特别是底拖网对海草场的破坏较大。例如，海南陵水黎族自治县黎安港湾内有一半的水面用于养殖异枝麒麟菜，该藻与海草竞争激烈，严重影响了海草的正常生长；该自治县新竹港南岸的 3 个海草分布点从 1991 年到 2006 年退化迅速，其中位于西部的 2 个分布点由一个大的海草场退化而成，逐渐缩小为 2 个完全分离的分布点，而位于东部的分布点却在17 年内逐渐退化直至消失。广东湛江市流沙湾从 20 世纪 90 年代开始，在海草场开挖虾池，导致海草场消失。位于广西北海市合浦英罗港附近的海草场，面积由 1994 年的 267hm^2 减小到2000 年的 32hm^2、2001 年的 0.1hm^2，面临着完全消失的风险（郑凤英等，2013）。

第二节　海草的保护

　　在北部湾合浦附近海域，1992 年建立了合浦国家级自然保护区，其间，保护区管理部门及有关单位先后进行了 7 次海草调查。

　　香港大鹏湾西侧印洲塘荔枝窝的低潮滩和潮下带有大面积的日本鳗草，1979 年香港划定此处有特殊价值的地点，1996 年建立印洲塘海岸公园。

　　目前，有必要进行一次全国沿海海草场调查，以便进一步查清全国海草的分布现状、面积和受威胁的状况，有针对性地进行保护。

参 考 文 献

范航清, 邱广龙, 石雅君, 等. 2011. 中国亚热带海草生理生态学研究. 北京: 科学出版社: 202, 附图 55.

范航清, 石雅君, 邱广龙. 2009. 中国海草植物. 北京: 海洋出版社: 98.

方再光, 周永灿, 邹雄, 等. 2012. 海南新村湾海草床大型海洋生物多样性调查 // 林茂, 王春光. 第一届海峡两岸海洋生物多样性研讨会文集. 北京: 海洋出版社: 305-311.

高亚平, 方建光, 唐望, 等. 2013. 桑沟湾大叶藻海草床生态系统碳汇扩增力的估算. 渔业科学进展, 34(1): 17-21.

郭栋, 张沛东, 张秀梅, 等. 2010. 山东近岸海域海草种类的初步调查研究. 海洋湖沼通报, (2): 17-21.

韩秋影, 施平. 2008. 海草生态学研究进展. 生态学报, 28(11): 5561-5570.

黄勃, 李昌文, 姚发盛, 等. 2009. 东寨港海草分布特征及其底栖生物多样性研究 // 廖宝文. 海南东寨港红树林湿地生态系统研究. 青岛: 中国海洋大学出版社: 133-139.

黄小平, 黄良民, 等. 2007. 中国南海海草研究. 广州: 广东经济出版社: 136.

黄小平, 江志坚, 范航清, 等. 2016. 中国海草的 "藻" 名更改. 海洋与湖沼, 47(1): 290-294.

黄小平, 江志坚, 张景平, 等. 2018. 全球海草的中文命名. 海洋学报, 40(4): 127-133.

黄衍勋, 林幸助. 2012. 东沙岛海域海草多样性与分布 // 林茂, 王春光. 第一届海峡两岸海洋生物多样性研讨会文集. 北京: 海洋出版社: 81-91.

黄宗国, 林茂. 2012a. 中国海洋物种多样性: 上册. 北京: 海洋出版社.

黄宗国, 林茂. 2012b. 中国海洋物种多样性: 下册. 北京: 海洋出版社.

杨宗岱, 吴宝玲. 1984. 青岛近海的海草场及其附生生物. 黄渤海海洋, 2(2): 56-67.

郑凤英, 邱广龙, 范航清, 等. 2013. 中国海草的多样性、分布及保护. 生物多样性, 21(5): 517-526.

Castro P, Huber M E. 2010. Marine Biology. 8th ed. New York: McGraw Hill: 461.

Dennison W C, Orth R J, Moore K A, et al. 1993. Assessing water quality with submersed aquatic vegetation: Habitat requirements as barometers of Chesapeake Bay health. BioScience, 43(2): 86-94.

Duarte C M. 1991. Allometric scaling of seagrass form and productivity. Marine Ecology Progress Series, 77: 289-300.

Duarte C M, Kenned Y M, Marb N, et al. 2011. Assessing the capacity of seagrass meadows for carbon burial: Current limitations and future strategies. Ocean Coast Manage, 51: 672-688.

Duarte C M, Middelbury J J. 2005. Major role of marine vegetation on the oceanic carbon cycle. Biogeosciences, 2(1): 1-8.

IPNI. 2022. International Plant Names Index. [2022-07-05]. http://www.ipni.org.

Kennedy H, Beggins J, Duarte C M, et al. 2010. Seagrass sediments as a global carbon sink: Isotopic constraints. Global Biogeochemical Cycles, 24: GB4026.

Laffoley D, Grimsditch G. 2009. The management of natural coastal carbon sinks. IUCN, Gland, Switzerland.

Larcher W. 1995. Physiological Plant Ecology. Ecophysiology and Stress Physiology of Functional Groups. Berlin, Heidelberg, New York: Springer.

Larkum A W D, Orth R J, Duarte C M. 2006. Seagrasses: Biology, Ecology and Conservation. Dordrecht: Springer: 691.

Nielsen S L, Jensen K S. 1989. Regulation of photosynthetic rates of submerged rooted macrophytes. Oecologia, 81: 364-368.

POWO. 2022. Plants of the World Online. [2022-07-17]. http://www.plantsoftheworldonline.org/.

Short F, Carruthers T, Dennison W, et al. 2007. Global seagrass distribution and diversity: A bioregional model. Journal of Experimental Marine Biology and Ecology, 350(1-2): 3-20.

Short F T, Coles R G, Pergent-Martini C. 2001. Global seagrass distribution//Short F T, Coles R G. Global Seagrass Research Methods. Amsterdam: Elsevier Science B.V: 5-30.

Short F T, Novak C A. 2016. Seagrasses//Finlayson C M, Milton G R, Prentice R C, et al. The Wetland Book II: Distribution, Description, and Conservation. Dordrecht: Springer.

Smith V S, Rycroft S D, Brake I, et al. 2011. Scratchpads 2.0: A virtual research environment supporting scholarly collaboration, communication and data publication in biodiversity science. ZooKeys, (150): 53-70.

The Angiosperm Phylogeny Group. 2009. An update of the Angiosperm Phylogeny Group classification for the orders and families of flowering plants: APG III. Botanical Journal of the Linnean Society, 161: 105-121.

The Angiosperm Phylogeny Group. 2016. An update of the Angiosperm Phylogeny Group classification for the orders and families of flowering plants: APG IV. Botanical Journal of the Linnean Society, 181: 1-20.

Vermaat J E, Agawin N S R, Fortes M D, et al. 1997. The capacity of seagrasses to survive increased turbidity and siltation: The significance of growth form and light use. Ambio, 26: 499-504.

Yu S, den Hartog C. 2014. Taxonomy of the genus *Ruppia* in China. Aquatic Botany, 119: 66-72.